食品安全行政监管与技术监督培训丛书 SHIPIN ANQUAN XINGZHENG JIANGUAN YU JISHU JIANDU PEIXUN CONGSHU

食品生产安全监督管理与实务

食品安全行政监管与技术监督培训丛书编委会 组织编写

罗小刚 主编

SHIPIN SHENGCHAN ANQUAN JIANDU GUANLI YU SHIWU

中国劳动社会保障出版社

图书在版编目(CIP)数据

食品生产安全监督管理与实务/罗小刚主编. —北京：中国劳动社会保障出版社，2010

食品安全行政监管与技术监督培训丛书

ISBN 978-7-5045-8760-2

Ⅰ.①食… Ⅱ.①罗… Ⅲ.①食品卫生-监督管理 Ⅳ.①R155.5

中国版本图书馆 CIP 数据核字(2010)第 236845 号

中国劳动社会保障出版社出版发行

(北京市惠新东街 1 号 邮政编码：100029)

出 版 人：张梦欣

*

北京市艺辉印刷有限公司印刷装订 新华书店经销

787 毫米×960 毫米 16 开本 13.75 印张 240 千字

2010 年 12 月第 1 版 2010 年 12 月第 1 次印刷

定价：39.00 元

读者服务部电话：010-64929211/64921644/84643933

发行部电话：010-64961894

出版社网址：http://www.class.com.cn

食品安全行政监管与技术监督培训丛书

本书编写人员

主　编　罗小刚

编　者　舒立志　罗　希　孙义军　金海燕　葛悦悦
祝劲涛　陈　炜　谢明军

内容简介

本书针对食品生产安全管理和实践的需要，介绍了食品生产加工领域的食品安全问题，全书共分七章，内容涉及我国食品生产安全监督管理概况、食品生产加工与食品安全、我国食品安全管理体系、食品生产加工的质量管理与安全控制体系，进出口食品安全的监管与技术性贸易壁垒、食品安全突发公共事件的应急管理、我国食品小作坊的食品安全管理等。重点阐述了影响食品安全的因素、食品加工工艺与食品安全，主要食品生产加工中的食品安全问题及食品生产加工中质量管理与安全控制体系。本书还特别针对我国普遍存在的小作坊式食品生产状况和管理问题，提出了很好的解决思路。

本书可供各级政府食品安全监管人员、食品企业管理和技术人员及食品科研单位人员使用，可作为有关单位食品安全培训教材，也可供高等院校食品科学与工程、食品质量与安全、公共卫生等相关专业师生参考。

前言

食品安全问题关系民生福祉、经济发展和社会和谐，已成为当今国际社会普遍关注的重大社会问题。随着我国人民生活从温饱型向小康型、享受型的转变，全社会对健康问题的关注程度越来越高，对食品安全问题的关注程度也越来越高。

改革开放以来，我国食品产业快速发展，2009 年食品工业总产值达到 4.9 万亿元，已成为我国国民经济中增长最快、最具活力的支柱产业之一。然而，我国的食品产业总体发展不平衡，食品生产经营业态多，规模化、产业化程度不高，呈现多、小、散、低状态。有些食品生产经营单位安全意识、责任意识、诚信意识比较淡薄，内部管理制度不健全，对从业人员的健康管理、进货查验记录、食品出厂检验记录、库存食品定期检查、问题食品召回等操作规范执行不到位，个别企业还存在滥用添加剂、违法使用非食用物质等行为，给食品安全带来了隐患，食品安全事故时有发生。近年来爆发的“阜阳劣质奶粉”“苏丹红非法添加”“三鹿婴幼儿奶粉”等食品安全事件，凸显了食品行业存在的诸多问题以及政府部门的监管漏洞，使食品安全成为社会各界关注的焦点问题。人们迫切呼唤国家和地方各级政府要建立现代食品安全控制与保障体系，编织一张有效的食品安全网。

食品安全问题不是一个简单独立的问题，而是围绕食品产业链发生的一系列复杂问题的集中反映。食品安全涉及种植、养殖、加工、包装、储藏、运输、销售、消费等各个环节，既包括生产安全，也包括经营安全；既包括结果安全，也包括过程安全；既包括现实安全，也包括未来安全。因此，食品安全监管工作是一项长期、复杂的系统工程，根本的方法在于建立可持续发展的社会发展模式，这需要全社会的关注和参与。近年来，我国政府出台了《中华人民共和国食品安全法》（以下简称《食品安全法》）及一系列相关法律法规，在逐步建立健全法制管理体系的同时，通过加快促进食品行业发展，加大食品安全专项整治力度，不断完善食品安全法律体系、监管体系和标准体系等，使我国食品安全管理水平不断提高。2010 年 2 月 6 日，国务院成立了食品安全委员会，作为国务院食品安全工作最高层次的议事协调机构，这表明了党和国家高度重视食品安全问题，切实维护人民群众的切身利益，对人民健康安全的高度负责。

为了配合《食品安全法》及相关条例的贯彻落实，我们组织长期从事食品安全监管工作的有关专家和学者，在司法部法治建设与法学理论科研项目“食品安全监管法律问题研究”的基础上，编写了这套食品安全行政监管与技术监督丛书，旨在研究我国食品安全问题的有效解决方案，规范食品从田间到餐桌的各个环节的管理工作，为各省、市、地区从事食品行业监管的行政管理人员，从事食品生产、食品流通、餐饮服务以及农产品生产加工、包装运输企业的决策者和负责质量检验、监督的一线管理人员，各类院校有关食品类、农业类专业的学生提供理论和实务的指导。在编写过程中，我们力求使这套丛书体现以下特点：

1. 深入探讨食品安全法制体系建设的方法和执行策略，为各级行政管理和技术监督部门开展相关问题的研究提供参考。

2. 按食品生产的各个环节进行分册，包括《食品安全综合协调与实务》《食用农产品安全监督管理与实务》《食品生产安全监督管理与实务》《食品流通安全监督管理与实务》《餐饮服务安全监督管理与实务》，从农产品的生产源头开始，涉及种植养殖、生产加工、储存运输、流通消费等生产经营全过程。从行业需求出发，注重突出食品安全各环节监管的一般程序、方法、评估和事故预警、处理等实务性的操作流程，突出实用性和可操作性，为各层次从业人员提供工作指南。

3. 以司法部法治建设与法学理论科研项目“食品安全监管法律问题研究”为基础，集聚了有关法律、政策研究专家和食品行业领域从事监管工作的管理专家的集体智慧，共同编写，具有较高的权威性和指导性。

《食品安全法》及其实施条例刚刚施行，相关体制正在转轨中，有些制度仍在探索中，丛书内容恐有不足，恳请读者批评指正，以便及时修订和完善。

“食品安全行政监管与技术监督培训丛书”编委会

2010 年 3 月

编者的话

“民以食为天，食以安为先”，随着我国经济建设的快速发展、综合国力的不断提升，人民生活水平逐步走向小康和富裕。在此背景下，食品安全作为关系到人民生命安全、身体健康、经济发展、社会稳定和国际形象的重大问题，受到党和政府、社会、媒体及全体人民前所未有的关注。

为完善我国食品安全的法律体系，加强对食品安全的监管，2009 年 6 月 1 日，我国颁布实施了《中华人民共和国食品安全法》，该法作为我国食品安全的基本法，从法律层面上明确了我国食品安全的监管体制，还建立“国务院食品安全委员会”作为国家食品安全高层次的议事协调机构，卫生部是食品安全的综合监督部门，农业部、国家质检总局、国家工商总局、国家食品药品监管局分别对农产品质量安全、食品生产加工、食品流通、餐饮消费四个涉及食品安全的主要环节实施监管。根据我国地广人多，情况复杂的国情，基本上采取的是综合监督与分段监管相结合的监管模式。

正是在这样的情况下，中国劳动社会保障出版社决定编辑出版“食品安全行政监管与技术监督培训丛书”，我负责其中《食品生产安全监督管理与实务》一书的编撰。

回顾本人的工作历程，我的大部分职业生涯均与食品生产和食品安全密切相关。这几十年的工作经历，使我有幸目睹并亲历了我国食品安全工作发展的全过程，同时使我对食品安全工作有了更为深刻的理解。出于对食品安全工作的热爱和执著，尽管时间紧、压力大，我还是欣然接受了编撰此书的任务。

经过大半年的努力，现在这部书终于得以完稿付印。这期间国家食品药品监督管理局的有关领导、贵州省食品药品监督管理局党组，特别是党组书记、局长董穗生同志，对我的写作工作给予了全面的指导和支持；黑龙江食品药品监管局副局长张守文教授，作为我国知名食品安全专家，对本书的写作给予了大力支持，提供了相关数据资料；本书编写过程中参阅了大量参考资料，对参考资料作者表示衷心感谢；舒立志、孙义军、金海燕、祝劲涛、陈炜、谢明军同志曾参与第七章的部分工作，在此表示感谢。我本人撰写本书的第三、第四、第五、第六章，参与第一、第二、第七章的撰写，并对全书统稿；罗希、葛悦悦撰写了第一、二章初稿，并负责全书写作有关资料的收集、整理，根据写作需要作相关调研，他们的工作对本书的完成起到重要作用。

最后本书能够顺利出版，要特别感谢中国劳动社会保障出版社黄靖编辑，她的认真、严谨、专业的审编，诚恳又非常到位的修改意见，对本书质量的提高起到了非常重要的作用。

作者在本书的编写过程中，尽管投入了大量精力，进行过多次修改，但是由于时间及能力所限，书中仍恐有错误和疏漏，恳请广大读者批评指正。

罗小刚

2010年7月15日

目 录
Contents

第一章 食品生产安全监督管理概述

第一节 食品生产（加工）与食品安全的基本含义

一、食品生产（加工）的基本含义

食品生产（加工）是指运用一定的加工机械设备和科学方法对食品原料进行加工制成各种食品以供人们食用为目的的行业。食品原料主要是农（副）产品，所以食品生产加工是农产品加工中十分重要的行业和主要内容，只要人类存在一天，社会就会需要各种各样的食品，因此，食品生产加工工业是永恒的工业。

1. 食品生产加工的特点

食品生产加工业与其他工业相比，有如下特点：

(1) 原材料资源分布广。无论东西南北中各地域，包括陆地和水中处处皆有，这就决定了食品生产加工原料的广泛性。

(2) 产品品种多。这是由原料种类多和各地人们食用习惯嗜好不同而决定的。

(3) 生产加工有一定的季节性。这是由于许多原料（农产品）生长具有一定的季节性所致，其中很多原料不能过久储存，必须在一定的时间内生产加工，否则会腐烂，甚至变质。

(4) 行业众多。原料分布广，种类多，资源多，加工企业特点的差异化，自然形成行业多的现象。如谷物加工、植物油加工、制糖、屠宰及肉类加工、水产品加工、蔬菜、水果和坚果加工、焙烤食品制造、糖果、巧克力及蜜饯制造、方便食品制造、液体乳及乳制品制造、罐头制造、调味品、发酵制品制造、酒的制造、软饮料制造、精制茶加工、烟草制品业等。

(5) 产品加工技术要求高。随着社会经济的发展，人们对食品要求越来越高，不仅要求吃得饱，而且要吃得好，吃得营养，吃得健康，吃得安全。同时还需求产品外观、色泽好看，风味可口，色香味俱佳。今天，食品生产加工业已形成由 22 个行业组成的庞大的工业体系。

2. 传统食品生产加工业与现代食品加工业的区别

食品生产加工有传统食品生产加工和现代食品生产加工之区分。两者的区别主要是：

(1) 传统食品生产加工业是建立在以自然经济为主的基础上，多为自行加工食用，很少在市场上流通，或流通范围很小；现代食品生产加工业则是建立在社会化生产的基础上，制成品可直接食用或调配后食用，流通范围广。

(2) 前者是建立在手工业操作的基础上，通常规模小，数量不大；而后者是建立在机械化和自动化基础上，加工设备和工业化水平高，生产量大。

(3) 传统食品生产加工主要凭借积累的经验进行生产，其产品多侧重于色、香、味的要求，缺乏合理的营养标准和卫生要求；而现代食品生产则是采用现代生物学、物理学、生物化学、胶体化学、营养学、酿造学、卫生学、包装学以及机械学的成果为指导进行食品加工，产品不仅保持靓丽的外观及鲜香特点，还应符合各项营养、卫生、安全指标。

二、食品安全的基本含义

“食品安全”(food safety) 这一概念是 1974 年由联合国粮农组织提出的。从广义上讲主要包括三个方面的内容：一是从数量的角度，要求国家能够提供给公众足够的食物，满足社会稳定的基本需要；二是从卫生安全角度，要求食品对人体健康不造成任何危害，并获取足够的营养；三是从发展的角度，要求食品的获得要注重生态环境的良好保护和资源利用的可持续性。

虽然从广义的概念上说，食品安全包括上述三个方面的内涵，但是《食品安全法》中所指的“食品安全”是一个狭义的概念，是指食品无毒无害，符合应当有的营养要求，对人体健康不造成任何急性、亚急性或者慢性危害。新实施的《食品安全法》之所以是狭义的食品安全概念，主要是考虑到我国当前食品安全面临的主要问题是食品卫生安全。改革开放以来，随着经济的快速发展，我国逐渐解决了粮食供给不足的问题，食品总产量和消费量持续增长。广大人民群众已不光是要求吃得饱，同时对食品的卫生、质量、营养、安全提出了更高的要求。

三、食品安全与食品营养、食品卫生、食品质量的关系

1. 食品安全与食品营养的关系

食品营养（指食品的营养价值和营养密度）是构成食品质量与食品安全的重要内容之一，或者说食品营养包含于食品质量与食品安全之中。一种优质和安全的食品，它必须能保证向人们提供必要的营养成分，满足人们对这种营养要素的要求，一种缺乏营养的食品是无质量可言的。显然，人们食用这种食品也是不安全的。但食品安全所研究讨论的问题远比食品营养宽广。换句话说，食品安全内涵除有毒有害物质外，还应包括“因长期食用某种必须营养成分缺乏或整体营养成分比例失调的食品所带来的健康损伤”。例如2004年发生的阜阳奶粉事件就是由于婴幼儿长期食用几乎不含蛋白质的劣质奶粉而爆发的。因此，FAO/WHO（世界粮农组织/世界卫生组织）国际营养会议宣称“获得营养足够且安全的食品是一项人权”。对我国而言，人们总体生活已达到小康水平，以营养平衡为核心的膳食结构的改善便凸显其重要性和紧迫性。

2. 食品安全与食品卫生的关系

食品安全与食品卫生具有密切的关系，但它又不同于食品卫生，它们之间存在一定的差异。世界卫生组织对食品卫生与食品安全定义的几次修订即表明了这一点。食品安全和食品卫生的差异主要表现在两个方面：一个是范围不同，食品安全包括食品（食物）的种植、养殖、加工、包装、储藏、运输、销售、消费等环节的安全，也就是整个食品产业链的安全，而食品卫生通常并不包含种植、养殖环节的安全；二是侧重点不同，食品安全是结果安全和过程安全的完整统一，食品卫生虽然也包含上述两项内容，但更侧重于过程安全。所以，《食品工业基本术语》将食品卫生定义为“为防止食品在生产、收获、加工、运输、储藏、销售等各个环节被有害物质污染，使食品有益于人体健康所采取的各项措施”。概括起来讲，食品安全包括了食品卫生，但比食品卫生内容更丰富、更完善；而食品卫生只是食品安全研究的重要内容之一。食品安全与食品卫生的定义随着人们认识的变化也在不断地发展变化。

3. 食品安全与食品质量的关系

人们通常所说的食品质量指的是食品的“质”，并未包含“量”的含义。从现代质量或广义质量的概念来看，食品质量包含了产品质量、过程质量和服务质量，食品质量特性包括了功能性、可信性、安全性、适用性、经济性等。目前食品安全问题除了量的问题外，主要是食品营养缺乏或平衡问题、清洁卫生问题、新资源和新技术安全性问题等方面，而这几个方面的问题属于食品质量中的产品

品质范畴，均属于或最终归结到食品品质问题。

世界粮食安全委员会在《食品质量和安全性对发展中国家的重要性》（1999）一文中指出：食品的安全性是食品质量的一个基本要求。我国《食品安全法》认为安全食品是指食品中不含有污染物、杂物、天然毒素或可能对健康造成急性或慢性伤害的任何其他物质或其程度是可以接受和安全的。食品质量可视为决定食品价值或消费者对食品的可接受性的一个复杂特征。除了安全性外，质量特性还包括营养特性、外观、色泽、结构、口味等感官特性及功能性质。

从目前人们对食品安全的理解和要求来看，重点在于消除或预防、避免所食用的食品对人体健康可能产生的危害，而作为食品质量主要构成部分的外观质量，特别是食品的色泽、风味、外观形态等不应属于食品安全范畴。虽然食品的外观在一定程度上反映了食品内在品质，且在现实的食品生产和经营中，人们往往通过使用食用色素、食用香精和其他食品添加剂以及某些技术手段来改善食品的外观，这些食品添加剂和技术的应用有可能危及食品的安全。但这是由食品添加剂和技术本身的安全性及其应用和管理是否恰当所引起，并不是食品的外观与食品的安全性有什么直接关系。因此，一般认为食品质量中的外观质量不属于食品安全范畴。可以看出食品质量与食品安全之间是一种交叉重叠关系。如果排除量的问题，将食品安全狭义理解为质量问题，那么食品安全则是食品质量的一个重要方面，包含于食品质量之中。综上所述，食品质量包括了食品营养、食品卫生和食品安全三个方面。

第二节　我国食品工业发展的概况

一、我国食品工业发展的现状

1. 食品工业持续快速健康发展，经济效益稳步增长

“国以民为本，民以食为天，食以安为先。”改革开放以来，食品产业是中国开放最早、市场化程度最高的行业之一，也是一个国际品牌涌入迅猛，国内品牌后起之秀最多的行业。世界食品 50 强几乎悉数来到中国投资，寻求新的发展机会。食品工业在我国国民经济中的作用越来越重要，已成为国家的重要支柱产业之一，产值每年以两位数增长，是我国发展最快的行业之一。

2. 食品工业的行业结构和区域结构发生了一定的变化，公众营养状况得到不断改善

（1）出现食品制造业和饮料制造业此消彼长型变动。在“九五”后期和“十五”前期，中国食品工业发展迅速，其内部的行业结构发生了一些变动。食品制造业比重逐渐提高，饮料制造业比重逐步下调，食品加工业和烟草加工业相对稳定。

（2）食品工业的区域结构和行业结构出现一定变动。东部与中西部的差距有所拉大，但中西部差距略有缩小。东部地区的食品工业一直稳居首位，迄今仍与中西部保持很大的差距。

（3）城乡居民的膳食结构和营养水平得到改善。随着我国食品工业的总量和结构的改善，基本满足改善公众营养的需要，城乡居民的膳食结构和营养水平不断改善。到2010年，全国人均每日摄入能量2 300千卡，蛋白质75克，脂肪70克。

3. 高新技术改造食品工业，技术进步成效显现

目前，中国食品工业的快速增长和经济效益的明显提升，都离不开技术进步的推动。尤其是凭借高新技术的研发和推广应用，对传统的食品工业改造升级，拓展了新的市场发展空间，大大增强了食品工业的持续增长能力。

（1）多种高新技术被引入食品工业领域。当前，无菌冷罐装、真空冷冻干燥、超高温杀菌、超临界萃取、膜分离、分子蒸馏、静电杀菌、辐照、微波能、微胶囊化、挤压膨化、生物工程、营养功能强化等一批高新技术开始进入食品行业，有力地推动了食品工业生产技术水平的提高以及产品结构和产业结构的优化升级。

（2）各食品行业努力推动技术进步。目前，油脂工业的技术状况已接近国际先进水平，一批具有国际、国内先进水平的项目先后投入生产。例如，国内第一条油菜子脱皮、挤压膨化、浸出制油的工业化生产线，使菜子饼粕蛋白质含量由原来的38%提高到45%，有效地改善了菜子饼油的品质、外观和适口性，达到了国际先进水平。此外，还有一些食品行业的高新技术发展迅速。例如，味精制造业的L—谷氨酰胺技术中试成功，产品质量达到美国FCCⅣ标准；依靠壳聚糖酶产生菌，采用发酵液直接水解壳聚糖工艺，成本低、质量优。诸如此类的高新技术大大增强了中国食品工业发展的后劲。

（3）以引进国际先进技术快速弥补国内与国外食品行业技术差距。中国大部分实力强和品牌、质量、效益好的企业都使用了国际一流设备，具有先进工艺、先进技术和可靠的质量保证，大大提升了中国食品工业的技术水平。浓缩苹果汁、啤酒、饮料、乳品等行业中优势企业的技术装备，已处于世界领先水平或接近发达国家20世纪90年代中期先进水平。

4. 企业改革和发展步伐加快，龙头企业不断成长

受市场化和国际化步伐加快的影响，食品工业的国有企业改革顺利推进，民营经济不断进入，一批龙头企业逐渐崛起。

(1) 国有企业改制和多种所有制经济蓬勃发展。目前，绝大部分国有企业已完成了股份制改造，一些特大型企业集团逐步建立了规范的现代企业制度。改制后的国有企业，已涌现出一批实力强、管理佳、市场广、效益好的先进企业，如酒业中知名的青岛和燕京两大集团公司及贵州茅台股份有限公司均为国资控股上市公司。同时，民营经济和三资企业快速进入食品工业领域，如娃哈哈、老干妈、康师傅、南华糖业等不胜枚举。

(2) 企业规模不断扩大，龙头企业在市场竞争中崛起。通过跨国、跨区域、跨行业、跨所有制的资源整合，中国食品工业中国有及规模以上非国有企业的总资产、固定资产和利税平均规模全部扩大。依托经济实力、品牌效益、科技支撑、现代管理、组织策划等优势资源，企业的市场竞争力不断提升，促使行业优势企业快速发展，产业集中度开始上升，出现了一批生产规模大、经济实力强、科技含量高、市场信誉好的行业龙头企业。2010年，销售收入100亿元以上的食品工业企业可达到20家以上，食品工业百强企业生产集中度（以销售收入为指标衡量）超过30%。各食品行业龙头企业基本形成，如烟草业的红塔；白酒：茅台、五粮液；红酒：张裕、王朝、长城；啤酒：青岛、燕京、华润；瓶装水：娃哈哈、农夫山泉、乐百氏；乳业：蒙牛、伊利、光明、三元、完达山；食用油：金龙鱼、元宝、胡姬花、鲤鱼、福临门、鲁花；方便面：康师傅、统一、华龙；味精：莲花、红梅；火腿肠：双汇、雨润、金锣；奶粉：维维。

二、中国食品工业存在的问题

目前，中国食品工业增长迅速，经济效益不断提高，产业竞争力逐渐上升。面对国际国内两个市场新的挑战，中国食品工业仍然存在不少薄弱环节，主要存在以下几个方面问题。

1. 整体发展水平不高，食品加工度较低

食品工业总产值与农业总产值之比是衡量一个国家食品工业整体发展水平的重要指标。我国食品工业总产值与农业总产值之比只有0.5～0.8∶1，我国台湾省是1.3∶1，发达国家是2～3∶1，其中美国是3.7∶1，日本是2.2∶1。从工业食品占食品消费量的比重来看，发达国家为90%，发展中国家低于38%，而

中国仅为20%，略高于发展中国家一半的水平，不到发达国家的1/4。由上面数据可看出，中国食品工业与农业产值之比、工业食品消费比重和人均食品工业产值，不仅远低于发达国家，有的指标还明显低于世界平均水平甚至发展中国家水平。这些都反映出中国食品工业与国际食品工业先进水平差距相当大，整体发展水平比较落后。

2. 企业规模小、布局分散，竞争力弱、效益欠佳

中国食品工业囊括的行业门类众多，广阔的食品市场被自然因素和人为因素分割后，容易造成企业数量众多、规模狭小、布局分散的格局。例如，饮料酒行业虽然有一些全国性的龙头企业，但许多地区都建有自己的小酒厂，如贵州茅台酒厂所在的仁怀市，就有数百家小酒厂。这些小酒厂与龙头企业争原料、争土地，甚至有的造假酒，欺骗消费者，侵害名牌企业。因企业规模小、数量众多，多数食品行业生产设备落后，资源消耗多，经济效益低。例如，啤酒生产企业平均年生产规模为3.43万吨，葡萄酒企业平均年生产规模为1 000吨，浓缩苹果汁厂平均年生产规模为2 000吨。食品企业的这种规模状况严重制约了企业竞争力的提高，尤其是面向市场的新产品开发能力被削弱。众多小规模企业的存在，降低了食品工业的产业集中度，制约了整个食品行业竞争力的提升。中国食品工业的生产集中度明显低于发达国家的水平。

3. 企业研发力量薄弱，技术创新不足

中国的研发投入占国内生产总值极少部分，不仅低于发达国家和新兴工业化国家的水平，而且也低于印度、巴西等发展中国家。每年通过鉴定的科技成果多达数万项，但真正能够转化成产品并进入市场的不到5%。食品工业企业中新产品开发主要面临以下问题：一是忽视市场和消费品需求研究，更多地将其看成是企业内部技术管理；二是把新产品开发看成是研发部门的事，与企业其他部门无关；三是新产品开发与企业发展战略结合不紧，市场什么产品“火”就开发什么产品，不顾自身实际，最后导致失败；四是缺乏一整套科学的新产品开发程序，导致新产品成功率不高。食品工业的研发投入和技术成果转化与全国的总体状况基本差不多。国家对食品工业的科技投入本身就有限，而食品行业的企业规模普遍较小，资金人才有限，食品工业新产品产值占全国食品工业产值比例仍然比较低，新产品的开发和关键技术的突破困难重重，产品品种少、档次低、技术含量不高，市场竞争力自然不强。

4. 食品工业结构不合理，产业升级难度大

中国的食品工业体系中，嗜好类产品——烟草加工业的比重高，特别是利税比重很高。将食品属性很弱的烟草加工业包含在食品工业体系内，因其属于高利税产品，对经济效益指标贡献很高，无疑抬高了以平均值衡量的食品工业的经济效益水平，很容易掩盖其他食品工业经济效益偏弱的现实。如果将烟草工业排除出去，食品工业的地位和经济贡献将明显降低。食品工业的经济贡献过度依赖烟草产品的支撑，反映了食品工业结构上存在的问题。

食品工业区域发展不平衡，同样妨碍了自身的成长。中部特别是西部，人均食品工业产值大大低于东部，食品工业严重滞后。但西部蕴藏着大量可供加工的农产品，劳动力资源丰富，食品工业落后抑制了西部食品原料和人力资源的开发。

5. 食品产业链的衔接不力，制约了食品工业的发展

一个国家食品工业是否发达，不仅取决于食品工业本身的企业发展，还取决于为食品工业提供原料的农业和生产设备的装备制造业以及包装、运输、储藏、销售等环节。特别是提供原料的农业和生产设备的装备制造业，更是对食品工业产生直接的影响。

现代食品工业发展，要求按照市场的需求决定生产产品的原料，也就是决定农业种植和养殖的品种，形成科学的产业链。目前，中国食品加工与农业发展之间的联系尚处于初级供需阶段，即农业生产什么，食品工业就加工什么。农产品改良和品质的提高，没有与市场消费和食品加工有机地结合起来。例如，中国苹果的种植面积和产量均为世界第一，但果农基本以售鲜果为主，由于档次低，适宜加工的产品少；中国马铃薯的种植面积和产量均很大，但适合麦当劳和肯德基的炸薯条要求的产品却不多；中国啤酒生产所需的 300 万吨大麦，60%依赖进口；葡萄种植基地提供的原料不足酿造葡萄酒需求的 10%。

加工和制造食品的设备落后，直接影响了中国食品工业的竞争力。中国食品装备的制造水平低、种类少，主要制造一些低附加值的普通机械设备。而技术含量高的机、电、仪一体化的高端设备，特别是可带动食品工业技术升级、产品换代的关键设备主要从国外引进。这些设备的引进需要很高的投入，大多数中国中小企业是没有这个投资能力的，加之使用消化这些高端设备必须要有相应人才，这更是小企业所面临的“瓶颈”。所以装备的差距，在很大程度上制约了中国食品工业的发展。

6. 食品管理机构多而散，缺乏统一的协调机制

食品行业涉及国民经济的若干部门，包括为食品生产提供原料的农、林、牧、渔等部门，食品加工生产的食品工业和装备制造业等，还有食品流通和消费涉及的储运、商业和餐饮业等第三产业。而各产业和环节之间缺乏有效的衔接，食品工业企业分属多个政府部门，如国家发展和改革委员会、工业和信息化部、

农业部、商务部、林业部、国家粮食局等都在管，政出多门、分散管理、重复建设、重复引进、出口无序、恶性竞争等现象均存在；国家食品工业虽然制定了发展方针和重点，虽然有纲要、规划，但缺乏有力的调控机制和手段，缺乏全行业贯彻的统一法规及监督和协调。管理体制的问题，是制约中国食品工业发展的重要因素。

第三节　我国食品生产领域食品安全的现状

一、我国食品生产领域食品安全状况

2004 年国务院发布了《国务院关于进一步加强食品安全工作的决定》，按照一个环节由一个部门监管，采取“分段监管为主，品种监管为辅”的方针，进一步理顺了有关食品监管部门的职能，明确了食品生产加工环节的安全由质量监督部门负责；2008 年 6 月 1 日开始实施的《食品安全法》，再次从法律层面明确了质量监督部门负责监管生产加工环节的食品安全，另外，进出口农产品和食品的安全也由质监部门（进出口检验检疫部门）负责。

1. 建立并严格实施食品质量安全市场准入制度

国家质量检验和进出口检验检疫总局于 2001 年建立了食品质量安全市场准入制度。这项制度主要包括三项内容：一是生产许可制度，即要求食品生产加工企业具备原材料进厂把关、生产设备、工艺流程、产品标准、检验设备与能力、环境条件、质量管理、储存运输、包装标志、生产人员等保证食品质量安全的必备条件，取得食品生产许可证后，方可生产销售食品；二是强制检验制度，即要求企业履行食品必须经检验合格方能出厂销售的法律义务；三是市场准入标志制度，即要求企业对合格食品加贴 QS（质量安全）标志，对食品质量安全进行承诺。按照分步实施的原则，截止到 2007 年上半年，共向生产企业颁发了 10.7 万张食品生产许可证，获证企业食品的市场占有率达到同类食品的 90%以上。同时，加强对获得食品生产许可证企业的监管。截止到 2007 年 6 月底，共撤回、撤销、吊销和注销了 1 276 张达不到标准的食品生产许可证。根据食品生产企业取得生产许可证的进度，国家质检总局分批公布了获证产品的生产企业名单，分期公告了未获证和无 QS 标志食品不得进入市场销售，警示消费者不要使用。

2. 加大食品质量国家监督抽查力度

对食品实行以抽查为主要方式的监督检查制度。这项制度自 1985 年建立以

来，不断加大力度，突出重点，提高有效性。近年来，重点抽查了乳制品、肉制品、茶叶、饮料、粮油等日常消费的主要食品，重点对食品生产集中地的企业、小作坊进行了抽查，特别重点检验了食品的微生物、添加剂、重金属等卫生质量安全指标，并对质量不稳定的小企业重点进行了跟踪抽查。通过加大抽查频次，扩大抽查覆盖面，基本实现了抽查一类产品、整顿一个行业的目标。2006 年至 2007 年上半年，共对 7 880 家企业的 11 104 批次食品进行了国家监督抽查。同时，对抽查中发现有问题的产品和生产企业，加大了整改、处罚的力度。一是严格执行公告制度。对抽查中发现质量问题严重的 355 家企业的 355 批次产品公开曝光，同时，积极宣传“优秀企业、优质产品、优良品牌”，240 家获得“中国名牌”的产品得到消费者的普遍赞誉。二是严格执行整改制度。对不合格产品的生产企业，督促严格整改，按时复查，复查不合格的，责令停产整顿，整顿期满后再次复查仍不合格的，吊销营业执照。三是严格实行处罚制度。对在食品中掺杂、掺假、以假充真、以次充好的，责令其停止生产，没收违法生产的食品，情节严重的移送司法机关追究法律责任。

3. 加强对食品小作坊的专项整治力度

由于地区差异、城乡差异，决定了我国对食品生产小作坊的监管是一项长期、艰巨的工作。目前，食品生产加工小作坊是食品质量安全监管的重点和难点。对从事传统、低风险食品加工的小作坊，我国坚持“监管、规范、引导、便民”的工作原则，一方面通过关停并转等方式，让小作坊尽快达到市场准入条件；另一方面强化监管措施，防止食品安全事件发生。关于食品小作坊整治事宜，本书第七章将专门阐述。

4. 推行食品安全区域监管责任制

质检部门建立并实施了以“三员四定、三进四图、两书一报告”为主要内容的食品安全区域监管责任制。“三员四定”即按照定人、定责、定区域、定企业的方式，确定质检部门食品安全监管员到乡镇（办事处）负责食品生产加工企业的具体监管工作，乡镇政府协管员协助开展食品质量安全监管工作，社会信息员收集提供各种食品质量安全违法信息。“三进四图”即进村、进户、进企业，调查摸底，建立食品生产加工企业档案，编制企业变化动态图、食品行业分布图、监管责任落实图、食品安全警示图，实施动态监管。“两书一报告”即政府签订责任书，企业签订承诺书，质检部门定期写出食品安全报告。截至 2007 年 6 月底，全国 31 个省、自治区、直辖市共建立食品安全监管责任区 16 030 个，确定食品安全专职监督员 25 346 人，聘请政府协管员 72 474 人，聘请社会信息员 106 573 人。2006 年，各级质检部门共对食品生产加工企业进行了 90 万次巡查。

5. 不断加大食品执法打假工作力度

围绕重点食品、重点厂点和重点区域，严厉打击使用非食品原料生产加工食品和滥用食品添加剂的违法行为，严厉打击证照皆无的制假制劣黑窝点。质检总局按照突出重点、狠抓源头、标本兼治的思路，组织全国质检系统连续组织肉品、奶制品、月饼、酱油、米面等专项打假行动，取得明显成效。

二、我国生产领域食品安全存在的问题

尽管我国生产加工领域食品安全经过多年的努力，取得不少的成绩，但是，我们所面临的食品安全形势仍然是严峻的，主要存在以下几方面的问题：

1. 假冒伪劣屡禁不止、重大事故时有发生

在利益的驱使下，食品生产加工中偷工减料，掺假使假，以假充真，以非食品原料、发霉变质原料加工食品现象频发。特别是近年来一些企业无视法律，唯利是图，生产假劣甚至有毒食品，造成了“三聚氰胺奶粉事件”“阜阳奶粉事件”“高浓度甲醇酒中毒事件”“瘦肉精中毒事件”“陈馅月饼事件”“劣质大米事件”“泔水油事件”等重大食品安全事件，直接危害人民群众的生命安全和身体健康，严重损害了我国食品在消费者中的形象。

2. 违规使用食品添加剂，给人民群众饮食健康带来严重的影响和隐患

一是违规使用禁用添加剂。如面粉中使用溴酸钾，豆腐、面粉、米粉中使用吊白块（甲醛次亚硫酸氢钠），柑橘保鲜用多菌灵浸泡，咸肉、火腿、水产品等用敌敌畏浸泡，饲料或奶制品中使用“三聚氰胺”，即所谓蛋白精等。二是超量使用添加剂。如面粉中使用过氧化苯甲酰，熟肉中加亚硝酸盐、日落黄（护色剂）、苯甲酸钠超标，豆制品中糖精钠、保漂（漂白剂）超量。三是超规定范围使用添加剂。如硫黄熏蒸馒头，婴幼儿食品添加糖精、香精，肉类食品中添加色素和护色素等。

3. 食品生产企业中大量小作坊的存在给食品安全带来极大隐患

全国10人以下小作坊占全国食品生产企业的78%左右，西部地区这个比例更高。小作坊管理不规范，生产条件差，有相当一部分未能取得生产许可证，且量大面广，监管难度大，是食品安全事故的易发领域。

4. 食品新技术和新资源带来的新的食品安全问题

随着科学技术的不断发展，很多来自化学、物理、生物领域的新技术、新资源被应用到食品生产领域，如转基因技术、辐射技术、纳米技术、微波技术等，使得影响食品安全的因素越来越复杂。采用这些新技术、新资源生产的食品对人的健康安全有什么影响，还需要一个较长时间的认识和研究过程，这就给食品安

全带来了一些不可预知的风险。

5. 食品标志滥用问题比较突出

食品标志与食品质量安全息息相关，是现代食品质量安全不可分割的重要组成部分。目前我国食品标志滥用问题仍非常突出，主要表现在伪造食品标志，虚假标注生产日期，夸大食品功能和成分，进口食品无中文标志等方面。

6. 进出口食品的质量安全问题

（1）出口食品色素超标和防腐剂超标情况严重。我国出口食品添加剂超标是质量不过关的一个重要原因；另外，干制农产品二氧化硫残留超标，是制约该类产品出口的重要原因。

（2）出口动物源性食品中农兽药残留、重金属残留问题突出。出口食品通报中农兽药残留超标问题占了很大比例，如输韩活鳗中恶喹酸超标，在一些水产品中检出包括汞和铅在内的重金属超标等。由于农药超标造成输欧茶叶受阻，以安徽为例，全年检测 219 批，超过欧盟标准的有 59 批。

（3）氯霉素引发食品质量安全不合格。欧盟是我国蜂蜜主要营销市场，约占我国蜂蜜出口的 1/3，但 2003 年 1 月对欧出口蜂蜜中检出氯霉素超标，就此欧盟对我国出口蜂蜜发出禁令。2002 年初，加拿大食品检验局（CFIA）通报我国 4 批出口水产品被检出氯霉素超标。

（4）细菌总数和大肠杆菌总数超标。这是进口食品质量安全不合格的主要原因。食品在生产、运输和销售过程中随温度、湿度等环境变化容易造成细菌和大肠杆菌的滋生。所以进口食品细菌和大肠杆菌数超标率较高，其他致病菌也时有发生，如沙门氏菌、单增李斯特杆菌、金黄色葡萄球菌等。

（5）进口乳制品存在的质量安全问题。反响较大的有 2002 年惠氏公司的爱儿素奶粉和爱儿乐妈妈奶粉污染事件，雅培奶粉中亚硝酸盐超标等危害婴幼儿和母体健康的事件，进口奶酪中检出不合格的比例较高，主要原因是微生物超标。

（6）供应快餐店和超市的进口冻薯条发现条件致病菌问题多。2002 年国家质检总局发布预警通报以来，上海口岸在进口冻薯条中检出“单增李斯特杆菌”的事件陆续发生，天津也从来自新西兰、美国和比利时的冻薯条中检出克雷伯氏致病菌。

第二章 食品生产加工与食品安全

第一节 影响食品安全的因素

食品中的危害可定义为在非受控制状态下，有可能导致消费者患病或身体伤害的生物的、化学的和物理的因素。生物的危害包括有害的微生物、寄生虫、昆虫等，化学危害是指食用后能引起急性中毒或慢性积累性伤害的化学物质，物理的危害包括食用后可能引起伤害的异物等。

一、生物因素对食品安全的影响

按生物的种类分可将生物性危害分成微生物、寄生虫、昆虫危害三种。

生物性危害是最普遍的食品危害，据 Gravani（1997）报道，在美国每年约有 3 300 万人因食用含病原菌微生物食品而患病，并导致约 9 000 人死亡。我国食物中毒每年报告例数为 2 万～3 万件。正确认识各种生物危害的特性及产生的条件（尤其是毒素产生的条件），并掌握预防和控制危害的方法与措施是有效控制食品品质和保障食品安全的基础。

1. 微生物

微生物是一切微小的生物体的总称，种类十分庞杂，包括细菌、放线菌、真菌（酵母菌、霉菌）、病毒、类病毒、蓝、绿藻、支原体、立克次氏体、单细胞藻类和原生动物等。微生物广泛存在于自然界中，在所有未经灭菌，并且可以分解的物质上都能发现微生物。绝大多数食品及原料中都含有微生物生长、繁殖所需要的营养。如果食品被某些微生物污染，这些微生物就会通过分解食品组成成分，导致食品腐败、变质，并对消费者产生危害，即给消费者带来食源性疾病。

食品腐败通常指由微生物引起的食品的分解和腐烂，食品变质是指食品受到内外环境不利因素的作用造成其物理性质，如颜色、体积、黏稠度、气味或化学性质发生变化、降低或失去营养价值和商品价值。

(1) 细菌性危害。食源性细菌病源体是引起人类食源性疾病的重要原因，在食品公共卫生上有重要意义。据美国疾病预防控制中心（CDC）的统计，美国1993年因食源性致病菌而使1 000万人发病，约有4 000多人死亡。在我国，每年向卫生部上报的食物中毒事件中，除意外事故外，大部分均为致病微生物引起的，常见的重要致病菌有沙门氏菌、蜡样芽胞杆菌、金黄色葡萄球菌、副溶血性弧菌、肉毒杆菌、单增李斯特菌、铜绿假单细胞菌和大肠杆菌（O_{157}：H_7）等。

1）沙门氏菌。沙门氏菌存在于多类食品中，是人们最熟知的一种食源性病源体，也是各国卫生部门首先控制的最重要的食源性病源体。沙门氏菌常因污染各种肉类、鱼类、蛋类和乳类食品而引起中毒，其中的肉类为多。当沙门氏菌随食品进入人体后，可在肠道内大量繁殖，经淋巴系统进入血液。中毒的主要症状为急性肠胃炎，如果细菌已产生毒素，则会引起中枢神经系统症状，出现体温升高、痉挛等表现。

2）金黄色葡萄球菌。金黄色葡萄球菌通过产生高度热稳定性的葡萄球菌肠毒素而使人发病，据美国疾病控制中心的报告，由金黄色葡萄球菌引起的感染，仅次于大肠杆菌。金黄色葡萄球菌在自然界中无处不在，食品受其污染的机会很多，被污染后的食品在较高的温度下，保存时间过长，就能产生足以引起食物中毒的葡萄球菌肠毒素，肠毒素进入人体消化道后被吸收进入血液，刺激中枢神经系统产生畸形肠胃炎，主要症状为恶心、反复呕吐，伴有腹部痉挛性疼痛。

3）大肠杆菌。大肠杆菌又名大肠埃希菌，一般包括肠产毒素性、肠致病性、肠侵袭性、肠黏附性和肠出血性大肠杆菌五种。大肠杆菌引起的食源性疾病主要由动物性食品引发，包括各类熟肉制品、蛋和蛋制品、奶制品等，中毒的主要原因是食品没有彻底加热或加工过程中有交叉感染。食物中毒后常表现为腹泻、腹痛、肠出血等，肠出血性大肠杆菌（O_{157}：H_7），是目前人们最为关注的血清型病菌。

4）副溶血性弧菌。副溶血性弧菌容易污染的食品主要是海产品，它对食品的腐败作用很强，能快速使海产品的鲜度下降变质。食用前不加热或加热不彻底，可使大量活菌随食品进入人体，引起食物中毒。

5）肉毒杆菌。肉毒杆菌是致死性最高的病源体之一，又称肉毒梭状芽孢杆菌，它通过产生肉毒素，引起食物中毒。肉毒素是一种神经毒素，是目前已知毒性最强的一种。引起中毒的食品主要有罐装食品、血制品、发酵食品等。

6）蜡状芽孢杆菌。蜡状芽孢杆菌引起中毒的主要原因是食品中带有大量的活菌和产生的肠毒素。该菌在大地、空气、灰尘中都有存在，肉、乳、鱼、蔬菜、汤、糕点等多种食品带菌物很多。

7）单增李斯特菌。国际上公认的李斯菌共有七个菌株，其中唯一能引起人类疾病的是单增李斯特菌。这是一种常见的土壤细菌，在土壤中它是一种腐生菌，以死亡和正在腐烂的有机物为食。它也是某些食物（主要是鲜奶产品）中的一种污染物，能引起严重食物中毒。单增李斯特菌是一种人畜共患病的病原菌，能引起人、畜的李斯特菌病，感染后主要表现为败血症、脑膜炎和单核细胞增多。它广泛存在于自然界中，食品中存在的单增李斯特菌对人类安全具有危险性，该菌在4℃的环境中仍可生长繁殖，是冷藏食品中威胁人类健康的主要病原菌之一。

（2）真菌性危害。除了细菌外，有些真菌如霉菌和某些酵母菌也很容易侵染食品，引起食品的腐败和变质。霉菌和酵母菌不是分类学中的名词，而是俗名。

1）霉菌。霉菌通常是指那些在营养基质上形成的绒毛状、网状或絮状菌丝体真菌的统称。菌体由分枝或不分枝的菌丝构成。菌丝可以是单细胞，即没有隔膜，但大多数都是多细胞即有分隔的。霉菌能产生大量小孢子，散发到空气中，通过气流扩散传播，在适当的条件下，孢子萌发产生新的菌株。由于霉菌的来源主要是糖、少量的氮和无机盐，因此，几乎各种食品都可以被霉菌侵入。霉菌极易在谷物、水果、坚果和蔬菜等食物中生长，导致能直接观察到的食品腐败。不少霉菌还可以产生毒素，引起食物中毒。有些霉菌甚至可以诱导基因突变和具有致癌作用。酵母菌是指以出芽为主要繁殖方式，多数为单细胞的一类真菌。有些酵母菌可以引起食品的腐败变质，甚至导致食源性疾病，例如白假丝酵母。

2）真菌。真菌的危害除侵害食品并导致消费者疾病外，其产生的毒素对人体会产生严重的毒害作用。真菌毒素是其产生菌在适合的产毒条件下所产生的次级代谢产物，具有耐高温的特性，一般加工中的热处理对其不具有破坏性，消费者因进食而摄入的毒素达到一定的量可引发中毒症状，能产生毒素的真菌主要有曲霉属（Aspergillus）、青霉属（Penicillium）和芽枝霉属。见表2—1。

（3）病毒危害。病毒是一类无细胞结构的微生物，个体极小，只有在电子显微镜下才能看到。它主要由蛋白质和核酸组成，自身没有完整的酶系，不能进行独立的代谢活动和自我繁殖，只能在活细胞内专性寄生，靠宿主细胞的代谢系统协同复制核酸，合成蛋白质，然后组合成新的病毒。病毒在人工培养基上或在食品中都不能生长繁殖，因而不能造成食品腐败变质。但食品为病毒的存活提供了好的条件，是病毒生存与传播的载体。一旦食用了被特殊病毒污染的食品，病毒

表 2—1　　食品中出现的主要真菌毒素和产毒真菌

真菌毒素	产生真菌毒素的主要微生物	可能涉及食品种类
黄曲霉素	黄曲霉、寄生曲霉	花生、花生油、玉米、大米、腌肉、大豆粉等
橘霉素	橘青霉	大米、面包、腌制火腿、小麦、燕麦等
赫曲霉素	赫曲霉、鲜绿青霉	玉米、干豆、可可豆、大豆、燕麦、大麦、腌制火腿、花生等
棒曲霉素	珊瑚形青霉、扩展青霉、棒曲霉	面包、香肠、香蕉、梨、葡萄、桃子、苹果汁等
青霉酸	圆弧青霉、软毛青霉	玉米、青豆，发霉食品等
柄曲霉素	杂色曲霉、深红曲霉等	谷物颗粒、奶酪、干肉、冷藏鱼、冷冻馅饼
镰孢霉素	串珠镰包霉、富士赤霉	玉米和其他谷物
赤霉病麦毒素	禾谷镰刀菌	大麦、小麦、燕麦、玉米等
赤霉烯酮	禾谷镰刀菌、串珠镰刀菌	麦类、玉米、稻谷、蚕豆、甘薯

即可在人体细胞中繁殖，形成大量的新病毒，并对细胞产生破坏作用，导致食源性病毒疾病。多数病毒不耐热，但也有一些非常耐热不易破坏的病毒，如疯牛病病毒。目前，常见的食源性病毒主要有甲型肝炎病毒、疯牛病病毒、口蹄疫病毒等，易被病毒污染的食品主要有肉制品、乳制品、水产品、蔬菜和水果等。

1）甲肝病毒。甲肝病毒呈球型颗粒状，直径为 27～32 nm，是专性引起人类甲型肝炎的病原体，在自然环境和其他生物体中不能生长繁殖，但可以长期存活。例如在贝壳类水生动物类体中可存活 60 天左右，并有较强的传染性。甲肝病毒一般随患者的粪便排出体外，污染饮水、食具、食品，尤其是海产品，如毛蚶、蛏子、哈蜊、蟹等。1988 年上海曾发生因食用被甲肝病毒污染的毛蚶而爆发甲型肝炎病的事件，感染者高达 30 余万人。

2）疯牛病病毒。疯牛病病毒是 20 世纪 90 年代以来最重要的食源性病毒。所谓疯牛病是一种牛海绵状脑病（BSE），具有传播性，是一类可侵犯人类和动物中枢神经系统的致死性疾病，其潜伏期长、病程短、死亡率高达 100%。目前，已知的动物海绵状脑病有六种，包括羊瘙痒病、猫海绵状脑病和牛海绵状脑病等。人的海绵状脑病有 4 种，包括雅氏病（分为散发性、家族性、医源性、新变异性）、格斯特曼氏综合征、库鲁病和致死性家族型失脑症，其中新变异性克雅氏病与疯牛病的暴发密切相关。目前，科学家对疯牛病致病机制尚不十分清楚，大多数文献则普遍认为，疯牛病和人的新变异性克雅氏病等海绵状脑病，都是由于存在于中枢神经系统中正常的朊蛋白发生变异形成朊病毒引起的。朊病毒具有很强的生命力和感染力，耐受高热，普遍煮沸不能破坏，耐受紫外线照射，对化学药物也有抵抗性。目前普遍认为造成 BSE 大规模爆发的主要原因是由于牛食用了含有朊病毒的肉骨粉饲料所致。1980 年，英国准许使用牛、羊尸体作为饲料饲喂动物后，英国的肉骨粉加工者改变了肉骨粉的加工工艺，降低了加工温度，从而使疯牛病病源得以通过食物链传播。

3）口蹄疫病毒。口蹄疫是急热性接触性传染病，主要侵害偶蹄类动物，也侵害人，但较少见。

①口蹄疫病毒对外界抵御很强，在含病毒的组织和污染的饲料、皮毛及土地中可保持传染性达数周至数月，在腌肉中可存活 3 个月，骨髓中病毒可生存半年以上。但对高温、酸或碱比较敏感，直射阳光 60 分钟，煮沸 3 分钟，70℃10 分钟可杀死。

②牛、羊、猪、骆驼等患病偶蹄动物是主要传染源，患病初期最具传染性，经唾液、粪便、乳、尿、精液和呼出的气体向外界排出病毒。

③人通过接触或饮食而发生感染，感染潜伏期为 2～18 天，一般为 3～8 天。常自然起病，出现发热、头痛、呕吐。2～3 天后口腔内有干燥和灼烧感，唇、舌、齿龈及咽部发生水疱。皮肤上的水疱多发于手指、足趾、鼻翼和面部。水疱破裂后形成薄痂，逐渐愈合，有的形成溃疡。一般愈合快，不留疤痕。有的患者有咽喉痛，吞咽困难，低血压等症状。重者可并发胃肠类、神经类、心肌类以及皮肤、肺部继发感染，因心肌类死亡的较多。

4）诺瓦克病毒。诺瓦克病毒是 1972 年美国诺瓦克一所小学流行性胃肠炎暴发的病源，因此而得名，它是世界上引起非细菌性胃肠炎暴发流行的重要病源体。诺瓦克病毒是小圆结构病毒（SRSV）的原型，根据暴发地区不同而有很多血清型。该病毒引起的病毒性胃肠炎潜伏期通常为 24～48 小时，患者突然发生恶心、呕吐、腹泻、腹痛、腹绞痛，有时伴有低热、头痛、乏力及食欲减退，病程一般为 2～3 天，病毒感染剂量还不十分清楚。诺瓦克病毒主要是通过污染水和食物，经粪便至口途径而传播，也有人和人之间相互传播，如照顾诺瓦克病毒感染的病人，与病人同餐或使用相同的餐具等。水是引起疾病暴发的最常见的传染源，自来水、井水、游泳池水都可以引起病毒的传播。

2. 寄生虫

寄生虫是需要有寄主才能存活的生物，生活在寄主体表或其体内。世界上存在着几千种寄生虫，只有约 20%的寄生虫能在食物或水中生存，目前所知的通过食品感染人类的寄生虫不到 100 种。通过食物或水感染人类的寄生虫有绒虫、绦虫、吸虫和原生动物。这些虫大小不同，用肉眼几乎看不见的到几尺长的。畜肉中常见的有囊尾蚴、旋毛虫、弓形体和肝片吸虫等；鱼类、贝类常见的寄生虫有华枝睾吸虫、扩节列头绦虫等；蛔虫常见于被粪便污染的蔬菜瓜果，姜片虫寄生于菱角、茭白等水生植物的表面。人体被寄生虫感染多是由于食用了生的或蒸煮加工时间不够的鱼、虾、贝类或肉类以及不干净的蔬菜瓜果，饮用未经处理的生水或在食品制作中使用了不干净的水。

(1) 囊虫。病原体在牛为无钩绦虫，在猪为有钩绦虫。牛、羊、猪是绦虫的中间宿主，其幼虫在猪和牛肌肉组织内形成囊尾蚴，故本病也称囊尾蚴病。猪囊虫肉眼可见，为白色，绿豆大小，受感染的猪肉一般称为“米猪肉”，牛囊虫需经放大才能看到。人若吃下未经煮熟含囊尾蚴的肉，即受感染。进入人体的囊尾蚴逐渐发育为成虫，此时人患绦虫病，并成为绦虫的宿主。

人患上绦虫病，恶心呕吐时，肠道发生逆蠕动，肠道中脱落的绦虫节片或逆行入胃，经消化作用，孵出幼虫（无钩蚴），进入肠壁，通过血液循环到达全身并在肌肉、皮下组织、脑、眼等处寄生，使人得囊尾蚴病。目前，尚无治疗囊尾蚴病的特效药物。

(2) 旋毛虫。旋毛虫是一种很细小的绒虫，一般肉眼不易看出，多寄生于猪、狗、熊、野猪、猫和鼠的体内，是一种重要的病原体。人吃了未彻底煮熟、煮透、带有旋毛虫的病肉后，经1周左右，幼虫在体内即发育为成虫，患者逐渐出现恶心、呕吐、腹泻、高烧、肌肉疼痛，甚至使肌肉运动受到限制，如幼虫进入脑脊髓，还可引起脑膜炎样症状，人患旋毛虫病在临床诊断和治疗上均较困难。

(3) 华枝睾吸虫。华枝睾吸虫是一种雌雄同体的吸虫。虫体长窄扁平，呈乳白色。成虫寄生在人、猪、猫、犬的胆管里。虫卵随宿主粪便排出，被螺蛳食后，经过包蚴、雷蚴和尾蚴阶段，从螺体逸出，附在淡水鱼身上，侵入鱼的肌肉、鳞下或鳃部后成囊蚴。如人或动物（终宿主）吃了这种生鱼或半生半熟的鱼后，就会受到感染。华枝睾吸虫主要损害胆管，引起胆管阻塞或胆囊炎。由于长期刺激，使肝脏发生硬化和局部坏死，肝细胞变性萎缩。

(4) 卫氏并殖吸虫。卫氏并殖吸虫的虫体肥胖，透明，卵圆形，呈红棕色。成虫寄生在人、猪、狗、猫、牛、羊的肺脏内。虫卵随宿主体排出入水，遇螺入侵发育成胞蚴、雷蚴和尾蚴，遇到虾、蟹即入侵其肌肉组织和肝、鳃，并在其中发育成囊蚴。如果人吃了半生不熟、被污染的虾和蟹，就会被感染。

卫氏并殖吸虫的终宿主除人外，主要为肉食哺乳动物如犬、猫。第一中间宿主为生活于淡水的川卷螺类，第二中间宿主为淡水蟹和蝲蛄。成虫主要寄生于肺，所形成的往往与支气管相通，虫卵经气管随痰或吞入后随粪便排出。卫氏并殖吸虫的致病，主要是童虫或成虫在人体组织与器官内移行、寄居造成的机械性损伤，使其代谢物等引起的免疫病理反应。

卫氏并殖吸虫的发病慢而难以察觉，常伴有寒战、发热。寄生肺内的病例有支气管扩张、囊肿、假性肺炎和纯核样脓肿。患者出现顽固性咳嗽、咯血，肺部疼痛等症状。在腹部的包囊可导致抽风、幼儿麻痹、脑出血、大脑炎、脑膜炎等症状。

(5) 螨类。螨和昆虫在形态上有些相似，但在分类上它们有区别。螨的形体微小，肉眼不易观察，一般以微米来计算其大小。螨的种类很多，其中有的能导致生病，有的寄生于食品内，并且能通过食品而给人类造成危害。

储藏于食品中的螨有粉螨、肉食螨和革螨等，它们大多数是卵生的。一般螨类适宜温度为25℃左右，相对湿度80%以上，如温湿度过高或过低都将直接影响其生长发育。螨类喜欢阴暗、潮湿，无论是植物性还是动物性的食品均能受其侵害。

螨类可使粉类食品结成块状，使种子发芽率降低，还能通过食品导致人体患病。例如，一种由螨引起的皮炎。此外还有消化系统、泌尿系统、呼吸系统方面的螨病。

3. 昆虫鼠害

昆虫。食品工业中主要害虫有德国小蠊、美洲蟑螂、东方蟑螂、家蝇、果蝇等，其在传播疾病中起着重要作用。如苍蝇和蟑螂经常在人类居住的区域、就餐场所、食品加工区以及厕所、垃圾堆和其他污物堆放场所出现，这些害虫通过其排泄物、嘴、脚和身体其他部分将污染区域的微生物带到食品上，污染食品，引起疾病的传播。

鼠害。鼠的种类很多，全世界有1 800多种，中国有184种，常见的鼠类有30多种。中国南方常见的有褐家鼠、黄胸鼠、小家鼠等。在食品安全方面，鼠类可以通过污染食品直接把病菌传给人，或通过体外寄生虫间接传染给人，起到传播媒介和保菌的作用。现在已知家栖鼠类至少能传播35种人的疾病。主要有钩端螺旋体病、流行性出血热、鼠型斑症伤寒、恙虫病、沙门氏菌病等。从我国历史上看，曾发生几十万起老鼠传播的疾病灾难，最多一次病死人数超过当时人口的四分之一。除传播疾病之外，老鼠还会糟蹋粮食和各类食品，据四川粮食部门报道，农民每年收获的粮食被老鼠糟蹋18%。

二、化学因素对食品安全的影响

目前，人们已知有1 000多万种化学物质，在全世界广泛使用的大约有几十万种，其中绝大多数化学物质对人体有潜在毒性，有些对人体的长期毒性作用我们并没有完全了解。随着科技的发展，化学污染物的数量和种类越来越多。化学污染可能发生在食品链的任何一个环节，如在生产加工过程中使用的食品添加剂、清洁剂、消毒剂、润滑剂等，还有从食品原料受污染而带进生产环节等，都可能使食品产生化学性危害。

1. 农药残留

目前世界上使用的农药原药达 1 000 多种，我国使用的有 200 种原药和近千种制剂，原药年总产量近 40 万吨，由于农药的大量广泛使用，可通过食物和水的摄入、空气吸入和皮肤接触等途径对人体造成多方面的危害，如急、慢性中毒和致癌、致畸、致突变作用等。

（1）食品中常见的农药及其毒性

1）有机磷。是目前使用量最大的杀虫剂，部分品种可用做杀菌剂或杀线虫剂。早期发展品种多是高效高毒如内吸磷、对硫磷、甲胺磷等，对人和哺乳动物有较大的毒性；后来发展的敌百虫、乐果、马拉硫磷等属于高效低毒低残留类。有机磷属于神经毒剂，主要抑制生物体内胆碱酯酶活性，部分品种有迟发性神经毒作用。慢性中毒主要体现在神经系统、血液系统和视觉损伤等方面。

2）有机氯。有机氯是早期使用的最主要的杀虫剂，常用的有滴滴涕(DDT)、六六六和林丹等。在环境中很稳定，不易降解，脂溶性强，在生物体内主要蓄积于脂肪组织。目前在各类食品中大多可检出不同程度的有机氯残留。鱼、贝、藻类等水生生物对有机氯有较强的生物富集作用。

3）拟除虫菊酯类。拟除螨酯类可用做杀虫剂或杀螨剂，属于高效低残留类农药，在作物上降解快，残留浓度低，是我国代替有机氯农药的主要农药之一。拟除虫菊酯类农药多属中等毒性或低毒性，急性中毒多为误服或生产接触引起，主要是神经系统症状。

4）氨基甲酸酯类。氨基甲酸酯类可用做杀虫剂和除草剂，某些品种具有灭杀线虫活性。其特点是药效性选择性高，对温血动物、鱼类和人的毒性较低，易被土壤微生物分解，不易在生物体内蓄积。其毒性作用机制与有机磷类似，也是胆碱酯酶抑制剂，但其抑制作用有较大的可逆性，尚未见有迟发性神经毒作用。

5）杀菌剂。有机氯类杀菌剂如西力生（氯化乙基汞）、赛力散（醋酸苯汞）等，因其毒性大而且不易降解，我国从 1972 年起就已停止使用。有机砷类杀菌剂（稻脚青、福美砷、田安等）在体内可转变为毒性很大的 As^{3+}，导致中毒和肿瘤。

6）除草剂。大多数除草剂对人和动物的毒性较低，且由于多数在农作物生长早期使用，故收获后的残留量通常很低，其危害性相对较小。

7）混配农药。两种或两种以上农药合理混配使用可提高其作用的效果，并可延缓昆虫和杂草对其产生抗性，故近年来混配农药的生产和使用日益增多。多种农药混合使用有时可加重毒性（协同作用）。

（2）食品加工和储藏过程对农药残留量的影响

1）储藏。谷物在仓储过程中农药残留量会缓慢降低，但部分农药可逐渐渗入内部而致谷粒内部残留量增高。蔬菜水果在低温储藏时农药残留降低十分缓慢，水果表皮残留的农药在储藏过程中也有向果肉渗入的趋势。如 0～1℃储藏三个月，大多数农药残留量降低均不到 20%，储藏温度对易挥发的农药残留量影响很大。

2）加工。常用的食品加工过程一般可不同程度降低农药残留量，但特殊情况也会使农药浓缩、重新分布或生成毒性更大的物质。

①洗涤可除去农作物表面的大部分农药残留。高极性、高水溶性者容易除去，热水洗、碱水洗、洗涤剂洗、烫漂能更有效地降低农药残留量。

②去壳、剥皮、碾磨、清理。通常能除去大部分农药残留，但内吸性农药经此类处理减少农残量不显著。

③水果加工。对农药残留量的影响取决于加工工艺和农药的性质。带皮加工的果酱、干果、果脯等农药残留量较高，而果汁中的残留量较低，果楂中含量较高。

④粉碎、混合、搅拌。由于组织和细胞破坏而释放出的酶和酸的作用可增加农药代谢和降解，但也可产生较大毒性的代谢物。

⑤灌装。农药残留量的降低程度主要受农药热稳定性的影响，如对硫磷仅降低 13%～14%，而马拉硫磷几乎可完全破坏。

⑥油脂加工。高脂溶性农药可大量进入油脂，如橘油中对硫磷浓度为柑橘整体的 100～300 倍。植物油精炼工艺尤其是脱臭处理，能不同程度减少农药残留量。

⑦发酵酒。生产啤酒的原料大麦、啤酒花等常有草甘磷、杀螟硫磷等农药的残留，但生产过程中过滤、稀释、澄清等工艺可除去大部分农药，故啤酒中农药残留量较少。葡萄酒生产中因无稀释工艺，其农药残留量较高，尤其是带皮发酵的红葡萄酒。

⑧加热。与农药的性质、时间、湿度、失水量、密闭情况等有关。如蔬菜中农药残留量在烹调后可减少 15%～70%，煮饭、烘烤面包等也可不同程度地减少农药残留量。

2. 兽药残留

动物在使用药物预防或治疗疾病后，药物的原形或其代谢产物可能蓄积、蓄存在动物的细胞、组织、器官或可食性产品（如蛋、奶）中，称为兽药在动物性食品中的残留，简称兽药残留。通常所说的残留指的是有害残留，有害残留一般可在动物体内产生蓄积性中毒，给肝、肾等器官造成损害，或残留在肉及其他畜产品中，人食用后对身体产生一定的毒副作用。

目前，常见的兽药有：①抗生素药物，主要用于防治动物的传染性疾病，如氯霉素、四环素、土霉素、青霉素等。②磺胺类药物，主要用于抗菌消炎，如磺胺嘧啶、磺胺脒、磺胺甲基异恶唑等。③硝基呋喃类药物，主要用于抗菌消炎，如呋喃唑酮、呋喃西林、呋喃妥因等。④抗寄生虫药，主要用于驱虫或杀虫，如左旋咪唑、苯并咪唑等。⑤激素类药物，主要用于动物的繁殖和生产性能，如乙烯雌酚、孕酮、雌二醇等。

兽药残留对人体的危害主要表现在以下几方面：

(1) 引起人体胃肠道菌群失调。如果人体长期摄入少量的抗生素，可使一部分胃肠道内的敏感菌群处于抑制或死亡状态，导致致病菌大量繁殖或体外病原菌的侵入，引起人类胃肠道的感染，从而导致长期腹泻或引起维生素缺乏，造成人体危害。

(2) 造成人类病原菌耐药性的增强。动物在经常或反复摄入某一种抗菌药物后，体内一部分敏感菌株逐渐产生耐药性，成为耐药菌株。这些耐药菌株可通过动物性食品进入人体，当人被这些耐药菌株引起感染性疾病时，用抗生素就会无济于事。

(3) 直接导致人类疾病的产生。兽药中常用的抗生素可导致敏感人群发生过敏反应。轻者表现为皮疹、发热、关节肿痛，重者出现过敏性休克甚至死亡。氯霉素可导致再生障碍性贫血；四环素类药物可与骨骼中的钙结合，抑制骨骼和牙齿的发育；促生长剂（盐酸克伦特罗）可引起心率加快、血压上升等急性中毒症状。

(4) 激素样作用。长期摄入雄性激素会干扰人类正常的激素平衡，男性出现睾丸萎缩、胸部扩大、早秃，女性出现雄性化，月经失调、肌肉增生、毛发增多等，还会导致肝、肾功能障碍或肝肿瘤。长期摄入雌性激素不仅会导致男性女性化、性早熟、抑制骨骼和精子发育，而且雌激素类物质有明显的致癌作用，可导致女性及其女性后代的生殖器畸形或癌变。

(5) 急慢性毒性作用和“三致”作用。食品中存在的一些兽药残留物质如果长期或大量摄入后，会对人体产生致畸、致癌、致突变作用，如丁苯咪唑、克球酚、硝基呋喃类药物、雌激素等。兽药中的一些致畸物质在极低计量就具有效应，在母体胚胎发育的关键阶段甚至短暂接触致畸物质就可能导致胎儿畸形。

3. **有害金属**

摄入被有害金属污染的食品对人体可产生多方面的危害，主要是慢性中毒和远期效应，如致癌、致畸、致突变，也可发生意外事故污染或有意投毒引起的急性中毒。食品中有害金属主要有：

（1）汞。汞对食品污染主要是通过环境引起的。环境中的微生物可以使毒性低的无机汞转变成毒性高的甲基汞，鱼类吸收甲基汞的速度很快，通过生物链产生富集，且在体内蓄积不易排出。甲基汞主要损害神经系统，特别是中枢神经，损害最严重的是小脑和大脑。中毒有急性、亚急性、慢性和潜在中毒四个类型。日本的“水俣病”就是由于汞污染鱼、贝类造成的。

（2）镉。镉在一般环境中含量较低，但可以通过食物链富集，使食品中镉的含量达到相当的高度，镉进入人体后，会造成对肾脏、骨骼和消化器官的损害。镉可以引起急性和慢性中毒，动物实验证实有致癌、致畸作用。日本发生的“痛痛病”就是人食用了镉污染的粮食，造成骨骼系统的病变。

（3）铅。铅是日常生活和工业生产中广泛使用的金属，食品加工设备、食品容器、包装材料以及食品添加剂等均含有铅，铅制食品容器在很多地区仍在使用，农村盛装米酒的铅壶依然普遍。铅可干扰卜啉代谢造成血红蛋白合成障碍，对免疫系统也有一定的影响，铅及铅盐主要损害神经系统、造血器官和肾脏。

（4）砷。砷的影响以含砷肥料、农药、食品添加剂以及砷化合物污染食品为主，无机砷的毒性大于有机砷。砷可引起急性中毒、慢性中毒，急性中毒表现为恶心、呕吐、腹痛、腹泻等胃肠炎症状；慢性中毒表现为皮肤色素沉着，过度角质化、多发性神经炎等植物神经衰弱综合征。

4. **食品添加剂**

食品添加剂是指为改善食品品质和色、香、味，以及为防腐和加工工艺的需要而加入食品中的化学合成或者天然物质。

随着食品工业的迅速发展，食品添加剂的品质和产量不断增加，尤其是复合食品添加剂，已成为食品工业化生产不可缺少的原辅材料之一。但食品添加剂如不恰当使用，可直接影响食品的质量安全，甚至可能造成食物中毒。在食品添加剂的使用中出现安全问题的原因可能有如下几种：①食品中使用未经国家批准使用或禁用的添加剂品种；②食品中添加剂超出了规定的使用量和使用范围；③使用工业级添加剂代替食品级添加剂。如苯甲酸作为酱油、罐头等食品防腐剂，最大使用量是 1.0 g/kg，超标使用会引起胃肠道壁刺激症状；亚硫酸钠作为生产蜜饯类、饼干、葡萄糖等食品的漂白剂，最大使用量是0.6 g/kg，超标使用会引起剧烈头痛。

涉及食品添加剂的更多论述见本章第二节。

5. 食品加工过程中产生的有害化学物质

食品是蛋白质、碳水化合物、脂肪等多种成分的混合物，在加工过程中会产一些有害的化学物质，如高温加工食品过程中产生的丙烯酸胺，油脂氢化过程中产生的反式脂肪酸，肉类制品在高温加热中产生的苯并[a]芘，食品烹饪过程中产生的多环芳烃、杂环胺等。

(1) 丙烯酰胺。丙烯酰胺主要产生于高温加工食品中，食品在120℃下加工即会产生丙烯酰胺。对300种食品检测结果表明，大部分炸薯条、炸薯片、部分面包、可可粉、饼干中均检出了相当高浓度的丙烯酰胺。2002年瑞典国家食品管理局和斯德哥尔摩大学研究人员率先报道，在一些油炸和烧烤的淀粉类食品，如炸薯条、炸土豆片等中检出丙烯酰胺，而且含量超过饮水中最大限量的500多倍。之后挪威、英国、瑞士和美国等国家也作了类似报道。动物试验表明，丙烯酰胺具有神经毒性、生殖发育毒性、遗传毒性、致突变作用，可致大鼠多种器官肿瘤。流行病学调查，丙烯酰胺对人有神经毒性作用，但目前还没有足够证据表明通过食物摄入丙烯酰胺与人类某种肿瘤有明显关系。

(2) 氯丙醇。氯丙醇是一种毒性致癌物，国外的报道表明，以酸水解蛋白为原料的调味品（如鸡精和酱油等）中发现氯丙醇污染；另外氯丙醇污染的来源还有袋泡茶的包装袋，以含氯的凝聚剂作为水的净化剂，以3－氯－1，2－环丙烷来加工变性淀粉等，另外有些食品在加工过程中也会产生氯丙醇，如啤酒生产等。

(3) N－亚硝基化合物。据检测结果表明，肉类、鱼类、酒类、发酵性食品及腌制蔬菜中亚硝基化合物含量较高，食品中的亚硝基化合物主要有二甲基亚硝胺、亚硝基吡咯烷、二乙基亚硝胺等，腌制的蔬菜由于硝酸盐还原菌的作用，可将硝酸盐转变成亚硝酸盐，蔬菜腌制半个月左右时亚硝酸盐含量达到高峰。

亚硝酸盐中毒发病急速，潜伏期一般为1～3 h，中毒的主要特点是由于组织缺氧引起的紫绀现象，如口唇、舌尖、指尖青紫，重者眼结膜、面部及全身皮肤青紫，头痛、乏力、心跳加速、大小便失禁，严重的可致呼吸衰竭而死亡。

6. 容器加工设备和包装带来的危害

食品在加工、运输、销售及使用过程中，可能接触各种食品容器、加工设备、包装材料及食品容器内壁涂料等，种类很多。食品是一种良好的溶剂，在与食品容器接触中，某些材料的成分渗入食品中，造成食品化学性污染，给人体带来危害。

(1) 高分子材料及制品。高分子材料包括塑料、橡胶、涂料等，这些材料本身一般无毒，但是在加工成制品过程中使用大量的助剂如增塑剂、稳定剂、防制剂、充填剂、固化剂时、其中某些助剂本身有毒性，如邻苯二甲酸酯类是应用最广泛的一类增塑剂，其中邻二甲苯酸酯和邻苯二甲酸二甲氧基乙酯具有明显毒性，已被一些国家禁用。我国南方某省的中国名牌产品辣酱 2007 年在瑞士苏黎士国家食品博览会上就是因为邻苯二甲酸酯严重超标被下架，而原因是瓶盖内塑胶中的邻苯二甲酸酯被溶入食品中造成的。此外，高分子材料中某些未聚合的单体、聚合不充分的低聚物或低分子裂解产物也具有较强毒性，如氯乙烯单体及其降解产物有致癌和致畸作用。

(2) 食品包装用纸。食品包装用纸的原料如稻草、麦秆、甘蔗渣等制纸原料中可能含有农药残留，有的原料中还掺有一定比例的回收纸，其中可能还残留有铅、镉、多氯联苯等有害物质。为使纸增加白度的莹白剂是一种致癌物质，应禁止在食品包装纸中添加。由于石蜡中含有多环芳烃，食品包装用蜡纸规定要使用食品包装级石蜡。

(3) 食品包装复合材料。复合材料有纸塑复合、塑铝塑复合等，生产食品复合包装材料时有的厂家采用聚氨酯黏合剂，其中含有的甲苯二异氰酸酯在蒸煮食物时可能转入食品之中，水解时会产生具有致癌作用的甲苯二胺。

(4) 陶瓷或搪瓷食品容器。产生问题的原因是这两类产品的釉彩引起，釉彩中含有硫化镉、氧化铅、硝酸锰等，在一定条件下有可能掺入食品。

(5) 金属食具容器。铁易生锈，不宜长期存放食品；镀锌铁皮接触食品，锌可能进入食品中，引起锌中毒，所以不能用镀锌铁皮作食品容器；铝的回收品中含有较多杂质金属，如铅、铬、镍、镉、砷，所以铝质食具的生产不得使用回收铝作为原料。

(6) 玻璃制品。玻璃容器用于装食物，主要是加入的辅料问题，如红丹粉、三氧化二砷，特别是高档玻璃器皿，其中加铅量占玻璃的 30%以上；有的彩色玻璃中的颜料有可能进入食品，对人体产生毒害。

7. 其他意外的污染

食品生产企业使用的清洁剂、消毒剂、杀虫剂、灭鼠剂、润滑剂等，如果使用的方法不正确或保管不当，可能会污染设备、器具或食品。如果采用喷雾或蒸气形式使用杀虫剂、灭鼠剂、空气清新剂和脱臭剂，有时也会污染食品。化学药品的意外泄漏，可能会造成严重的食品安全事故。

三、物理因素对食品安全的影响

物理性危害包括在任何食品中发现的不正常的有潜在危害的外来物。食品中的外来物有如下来源：被污染的原材料，维护不好的设施与设备，加工过程中不卫生或错误的操作，员工不良的卫生习惯等。异物可能在食品生产加工中的任何环节中进入食品，有可能是在生产、运输和储藏过程中不小心加入的，也有可能是人为故意加入的。这些异物有可能是玻璃、金属、石头、塑料、骨头、子弹、针头、珠宝、头发、纽扣、木屑等。

第二节　食品加工工艺与食品安全

食品加工工艺涉及应用化学、物理学、生物学、微生物学、工程机械、食品工程原理和现代生物工程等多门学科，与食品安全有着极为密切的关系，本章将概述各种食品加工工艺应注意的食品安全问题。

一、食品保藏工艺与食品安全

食品加工过程涉及食品的保藏问题，包括食品加工原料、半成品及最终产品的保藏，这些均与食品安全存着密切的关系。

1. 食品低温保藏技术工艺

（1）食品低温保藏的概念和原理。低温保藏分两类，冷藏和冻藏，冷藏的食物不冻结，冻藏的食物要冻结。

1）食品的冷藏。食品冷藏是指将食品预冷后置于低温环境中进行食品储藏的方法，冷藏温度一般在−2～15℃，而4～8℃则为常用冷藏温度，此范围的冷藏库为高温冷库，植物性食品一般在2～15℃范围内冷藏，动物性食品一般在−2～2℃范围内冷藏。冷藏不能阻止食品的腐败变质，只能减缓食物的变质速度。常用的冷却方法有空气冷却法、接触式冷却法、真空冷却法、蒸发冷却法。

2）食品的冻藏。食品的冻藏是指采用缓冻或速冻方法将食品物料降温至完全冻结的过程，并保持食品冻结状态的温度下的保藏方法。常用冷冻温度为−12～−23℃，而−18℃最为常用。冷冻适用于长期储藏，短的可达数日，长的可以年计。经合理冻结和冷藏食品在大小、形状、质地、色泽和风味方面一般不会发生明显变化，而且还能保持原始的新鲜状态。常用的食品冻结方法有空气冻结法、间接接触冷冻法、直接接触冷冻法。

（2）食品低温保藏应注意的安全问题。冷藏和冷冻食品虽有很好的保鲜作用，但食品腐败变质的危险性依然存在。其理由是：①冷藏冷冻并不能破坏食品中酶的活性，只能降低酶活性化学反应的速度，食品即使储藏于－18℃的低温下，酶仍然会继续进行着缓慢的活动。②在一般低温环境下，部分微生物仍能生长和繁殖。许多嗜冷菌和嗜温菌的最低生长温度低于0℃，有时可达到－10℃，因此，食品在冷藏冷冻前的质量卫生及加工处理是非常重要的。以下问题应特别引起注意：

1）冷藏冷冻的食品的原料必须新鲜，要严格选用；

2）对部分冷藏冷冻食品或原料可进行漂烫或预煮前处理；

3）用冷水或冰制冷时，要保证水和人造冰的卫生安全，冰融化的水滴不能接触食品；

4）冷藏冷冻食品的生产加工过程必须严格按相应的质量安全规范来进行监督管理，确保冷冻冷藏前产品的质量安全；

5）选择适当的食品冷却、冻结方法，使食品温度在尽可能短的时间内下降；

6）使用有制冷剂机械冷藏设备时，要防止制冷剂外溢，污染食品；

7）冷藏冻藏库（车、船）应注意防鼠、蟑螂及出现异臭等；

8）长期冷藏时，应定期检查冷藏冷冻场所的温度及储藏食品的质量；

9）冷藏冷冻食品应分类存放。食品与原料、半成品分开，食品与杂物分开，对所储藏食品要有详细记录，做到先进先出；

10）导热器表面降温结露，露水滴入食品会造成污染，因此应采用防止温度骤变和按需要增加防露水设施来预防。

2. 食品的干燥保藏技术工艺

（1）食品干燥技术工艺的概念及原理。干燥是指在自然条件或人工控制条件下促使食品中水分蒸发的过程，包括自然干燥（如晒干、风干等）和人工干燥（如热空气干燥、真空干燥、冷冻干燥等）。

1）食品含有丰富的水分。水分是食品中微生物赖以生存的基本条件之一，也是食品腐败变质的重要因素之一。在无水条件下任何生物皆不能存活，在有水分的情况下酶才具有活性。

2）食品干燥是一个复杂的物理化学变化过程。干燥的目的不仅要将食品中的水分降低到一定的水平，还要求食品品质变化最小，达到干燥保藏食品的目的。经干燥的食品，其水分活性较低，有利于延长食品的保藏期。脱水食品不仅应达到耐久储藏的要求，而且要求复水后基本上能恢复原状。食品干藏是脱水干制品在其水分降低到足以防止腐败变质的水平后，始终保持低水分进行长期储藏的过程。食品干燥不但有利于食品的保藏，而且方便运输，降低运输成本，在加工中可提高设备的生产能力及提高废渣和副产品的利用价值。

常见的干燥方法有晒干和风干（自然干燥）、加热烘干（如肉松生产）、热风蒸发干燥（隧道或干燥设备）、喷雾干燥（蛋粉、奶粉生产）、减压蒸发、冷冻脱水或升华脱水、膨化脱水（大米、玉米等生产膨化食品）。

（2）食品干燥技术工艺应注意的影响及安全问题

1）晒干及风干受多种自然因素的影响，通常会因气候的变化无法干燥产品而使产品腐败变质，同时因生产场所的限制产品还容易受灰尘、杂质、昆虫等污染及鸟类、啮齿动物等的侵袭，难于制成品质优良的产品。因此，晒干及风干场地应远离家畜棚、垃圾堆和养蜂场等，场地应为硬路面以减少尘土飞扬。不宜将食品物料直接铺在场地上，应采用竹筏或木板制成的晒盘来放置物料。

2）干燥装置应尽可能实现全自动及流水线生产，防止人为污染及交叉污染，干燥设备停止使用时应仔细进行人工清理，清除掉设备内残留的物料碎片和灰尘。

3）脱水干燥后的食品应注意密封保存，以减少与空气接触的机会。

4）脱水干燥后的食品的储存场所应注意通风干燥。

3. 食品罐藏技术工艺

（1）食品罐藏技术工艺概念和原理。食品罐头是指将制好的食品装入金属罐、玻璃罐或塑料罐包装容器（袋）中再经排气、密封和加热杀菌等工序制成的罐装食品制品。食品罐藏是食品科学保藏方法之一，与其他食品保藏方法相比，罐藏食品储藏期长，对储藏的环境要求低，便于运输、携带、食用方便。罐藏食品的两个要素是罐藏容器密封性和商业无菌。容器密封是为了产品杀菌后不会再次受到污染，商业无菌是指经杀菌处理后，按照所规定的微生物检验方法，食品中无活的微生物检出；或仅能检出极少数的非病原微生物，但在食品保藏期间不能生长繁殖。罐藏生产工艺的流程通常为：洗罐→装罐→预封→排气→密封→杀菌→冷却→检测→包装。

（2）食品罐藏技术工艺应注意的安全问题

1）作为食品的包装材料，罐藏容器首先必须是无毒无味，其次化学性质稳定，与酸、蛋白质、盐类等长时间接触而不发生反应，并且密封性能良好。

2）罐藏容器内壁涂料应根据食品的特性来进行选择，选择的涂料应符合相应的质量安全要求。

3）玻璃瓶的回收清洗消毒程序应严格控制，清洗消毒后不应久置，应立即使用，以避免再次污染。

4）经处理好的食品原料和辅料应迅速罐装，不应因堆积过多、停留时间过长而受微生物污染。

5）杀菌是罐藏食品生产的重要工序，灭菌不彻底是罐藏食品出现腐败变质的主要原因，一般有原材料污染严重、生产车间卫生状况差、杀菌操作技术不规范、杀菌工艺条件不合理等。

6）罐藏食品在高温杀菌冷却过程中，杀菌锅与罐内压控制不当，会引起罐藏容器突角和涨罐，导致卷边松动，腐败菌随空气或冷却水吸入罐内，因而冷却水成为重要的污染渠道。为解决此问题，除对空罐质量严格要求和控制外，罐藏容器密封和杀菌冷却时应加强技术管理，同时要求冷却水必须符合国家生活饮用水卫生标准。

4. 食品腌渍保藏技术工艺

（1）食品腌渍保藏技术的概念和原理。使食盐和食糖渗入到食品组织内，降低食品的水分活性，提高食品的渗透压，以控制食品中酶及微生物的活性，抑制腐败菌的生长，从而防止食品腐败变质，这样的保藏方法称为腌渍保藏。这是长期以来行之有效的传统食品保藏工艺。

（2）腌渍工艺的种类和方法

1）盐渍。用食盐腌制的工艺叫盐渍。盐渍食品的用盐量一般都在10%～15%，水分活性（aw）在0.94～0.96之间，腐败菌及致病菌在盐浓度10%、aw0.92时皆停止生长，但此时大部分细菌还未死亡，有时需20%的浓度及较长的腌制时间才能死亡。

2）糖渍。加糖腌制的过程叫糖渍。食糖本身对微生物并没有杀灭作用，它主要是通过降低食品的水分活性，减少微生物生长活动所需的自由水分，并利用高渗透压导致细菌细胞质壁分离，从而抑制微生物的生长活动，而提高食品的安全性。

3）熏制。熏制食品主要是用盐腌制食品，用植物性燃料烟熏或液熏而成。熏制食品靠盐腌来提高其渗透压，工艺正常为先腌后熏。常用的熏制工艺有冷熏（10～30℃）、温熏（30～50℃）、热熏（50～80℃）、焙熏（90～120℃），液熏将食品浸于熏液中，或将熏液喷洒在食品上。

（3）腌渍食品应注意的安全问题

1）用于盐渍的食品必须新鲜，所用盐应符合国家食用盐卫生质量标准，严禁用工业盐盐渍食品。盐的用量视食品品种而定，水分多的食品，如蔬菜，盐要加足，必要时要二次加盐，避免食品因食盐未达到有效浓度而导致腐败。

2）糖渍食品过程中，产品必须注意干燥，防止吸收空气中的水分，造成糖分降低，影响食品保藏，导致食品安全性降低。

3）产品出池后及时清洗，保持盐渍池的卫生。设在室外的盐渍池或缸，要有池盖或缸盖，防止污染和蚊蝇滋生。

4）烟熏对食品的污染程度与熏烟量、燃料的化学成分、发烟条件及烟熏温度有关，也与熏制食品保存时间的长短有关，应引起注意。

5. 食品化学保藏技术工艺

（1）食品化学保藏技术工艺的概念和原理。食品化学保藏就是在食品生产和储运过程中使用化学制品（如食品添加剂）来提高食品的耐藏性，尽可能保持食品原有品质。凡能抑制微生物生长活动，不一定能杀死微生物，能延缓食品腐败变质的化学制品或生物代谢制品都称为化学防腐剂。我国规定使用的防腐剂有苯甲酸、苯甲酸钠、山梨酸、山梨酸钾、丙酸钙等。

（2）化学保藏应注意的安全问题

1）食品中使用的防腐剂必须对人体无毒害。

2）防腐剂只能延长细菌生长滞后期，因而只有未遭受细菌严重污染的食品才适宜用化学防腐剂进行保藏。

3）不得使用未经国家批准使用或禁用的添加剂品种。

4）必须严格按《食品添加剂使用卫生标准》（GB 2760）中规定的使用范围和使用量使用食品添加剂。

5）同时使用多种食品防腐剂时，各单一品种防腐剂的使用范围和使用量均应符合《食品添加剂使用卫生标准》要求，不得将使用范围不同的多种防腐剂同时在生产中添加。

二、食品辐照工艺与食品安全

1. 辐照工艺的概念和原理

辐照技术工艺是利用电离射线所产生的生物效应，使食品保藏期延长的技术。利用射线照射食品，可达到杀菌，杀虫，抑制果食发芽，延迟后熟等目的。凡波长 200 nm 以下的电磁波均可以用于辐照，但从食品穿透力和费用等实用方面考虑，主要用钴（^{60}Co）和铯（^{137}Cs）产生的γ射线以及电子加速器产生的 10 兆电子伏（MeV）以下的电子束为辐射源。

2. 辐照工艺的方法和优缺点

（1）食品辐照工艺的方法。食品受辐照后，每单位质量吸收的能量单位是 Gy。辐射保藏按食品的吸收剂量分为三种类型：

1）辐射商业无菌，剂量范围为 10～50 kGy，所使用的辐照吸收剂量使食品中的微生物减少到零或有限个数，辐射后的食品可在通常条件下储藏，但必须防止再污染，可用于辐照密封包装的蔬菜、火腿等。

2）辐射巴氏杀菌，剂量范围为 1～10 kGy。所使用的辐照吸收剂量使食品中检测不出特定的无芽孢致病菌（如沙门氏菌等），可使其货架寿命延长，如用于辐照草莓等浆果保鲜。

3）辐射耐储杀菌，剂量一般在 1 kGy 以下。这种辐照处理只降低其腐败菌数并延长新鲜食品的后熟期及保藏期。这种方法可用于谷物、马铃薯防虫和抑制其发芽。

（2）辐照工艺的优缺点

1）优点

①食品在受射线过程中升温极微，可以忽略不计，在常温状态下也能进行处理，从而可以保持食品原有的感官性状；

②操作适用范围广，在同一射线处理场所可以处理多种体积、形态、类型不同的食品；

③经安全剂量射线照射的食品中无任何射线残留，射线也不会与产品产生反应；

④食品可以包装以后接受照射，对包装无严格要求，因此，辐照保藏既可以防止食品再污染，又能节约材料；

⑤加工效率，射线穿透度高，均匀，与加热相比，辐照过程可以精确控制，整个工序可连续作业，易实现自动化；

⑥节约能源，与传统的冷藏、热处理和干燥脱水相比，辐照处理可节约 70%～90%的能量。

2）缺点

①保持钝化食品中的酶比较困难；

②敏感性强和经高剂量照射的食品，有可能发生不愉快的感官变化；

③对操作人员的安全防护要求相当高。

3. 辐照技术工艺应注意的安全问题

（1）从事食品辐照加工的单位和个人，必须具备一定的辐照加工条件，并按照规定，依法取得许可方可开业和工作。

（2）食品及食品原料的辐照加工必须按照规定的生产工艺进行，并按辐照食品卫生标准实施校验，凡不符合食品卫生标准的辐照食品，不得出厂或销售。严禁用辐照加工手段处理劣质不合格的食品。

（3）待辐照加工的食品和已辐照加工的食品应当分别放置，防止交叉污染。

（4）定型包装辐照食品的包装标志和产品说明书必须符合有关规定。

三、食品发酵工艺与食品安全

1. 食品发酵工艺的概念和原理

广义地说，凡利用微生物在生长繁殖过程中分泌出的各种酶的活性，使有机化合物发生氧化还原、分解或合成等生化反应的，均可称为发酵。在食品工业上则泛指在微生物（酶）作用下，碳水化合物分解产生酸、醇、醛、酮等的变化，实质上也包含蛋白质与脂肪的复杂分解过程。食品发酵既可以消耗掉一定的营养素，也能合成一些营养物质，释放和增加人体可吸收利用的一些物质，而且发酵过程还可显著改变食品的色香味形。

2. 食品发酵的工艺的分类

（1）酒精发酵。酒的种类很多，依其工艺不同可分为：发酵酒、蒸馏酒、配制酒三类，但各种酒的工艺共性都离不开酒精发酵，都是酒精发酵的工艺产物，所用菌种有葡萄酒酵母、啤酒酵母等。

（2）乳酸发酵。由于发酵菌种很多，且各种乳酸菌有其独特的生理特性，并存在着不同的酶系，所以其代谢产物也有所不同。食品发酵工业中，使用乳酸发酵的产品主要有：腌菜类、发酵乳制品类、乳酸及其制品三类。生产酸渍蔬菜用乳酸杆菌，生产酸乳制品用乳酸链球菌、保加利亚杆菌和干酪乳酸杆菌。

（3）醋酸发酵。以淀粉质、糖类或酒精为原料，经醋酸菌的发酵作用，可生成醋酸。由此可知，醋酸菌也可以败坏各种酒的酿造。

（4）蛋白质水解发酵。我国的传统食品使用蛋白质水解发酵酿造，如豆腐乳、酱油及酱等。它们是以大豆豆饼、麸皮等食品蛋白质较多的物质为主要原料，或适当加入部分淀粉原料，经微生物将蛋白质水解发酵而成的。

（5）其他发酵工艺。除上述发酵工艺外，根据发酵产物的不同，还有氨基酸发酵工艺、柠檬酸发酵工艺及葡萄糖酸发酵工艺等。

3. 食品发酵应注意的安全问题

发酵菌种的传代及扩大接种操作必须防止菌种变异、退化和杂菌污染。要采取有效的提纯措施，进行经常性纯化与鉴定，防止其他产毒菌株使发酵菌种变异或被污染，保证纯种微生物在良好的环境中生长、繁殖。一旦发现菌种变异或污染，必须立即停用。应用新的发酵菌种之前必须进行鉴定和安全性试验，接种时应做到无菌操作。发酵环境、设备、用具要保证清洁卫生，室内定期进行熏蒸消毒。

四、食品包装工艺与食品安全

1. 食品包装的作用

一般来说，食品包装具有三个作用，一是用清洁的包装材料在卫生环境下生产出来的食品与周围环境分隔开来，保护其内容物不受外来物质、昆虫、啮齿动物和微生物的污染；二是防止食品的水分、气味和风味的丢失和改变，保持食品原有的色、香、味；三是告诉消费者，其包装内是什么产品，什么工厂在什么时间制造的，内容物质量，产品应用成分及保质期，如何使用等指导消费者的信息。大量事实表明，食品包装对食品的卫生质量有重要影响，良好的食品包装工艺是良好的食品卫生质量的重要前提。

2. 食品包装设备及材料的安全性

（1）食品包装设备的安全性。常用的包装工艺及设备有玻璃瓶灌装设备、三片灌灌装设备、二片灌灌装设备、软罐头灌装设备、自动充填结扎设备、真空包装设备、无菌包装设备等各类固体、液体包装设备。

目前绝大多数包装工艺是通过各种专业化的包装机械设备来完成的，所以这些专用包装设备的清洗消毒及工作状态对保证产品的质量安全显得尤为重要。各种专用包装设备应由专业技术人员进行经常性的调整、保养，发现问题及时排除，使其处于正常工作状态，以确保设备的正常运行。各种包装专用设备每天生产前和生产后都要严格按规定的程序进行清洗和消毒，以防止微生物繁殖、污染食品。

（2）食品包装材料的安全性。食品包装材料的安全性，是指食品与包装材料接触中，是否会造成食品污染，给人体带来危害。食品包装材料的安全性能见本章第一节有关的论述。

五、食品新工艺、新技术与食品安全

为制造各种各样的食品和保证食品的安全，越来越多的新技术被运用到食品工业中来，但同时也带来了新的食品安全问题。

1. 微胶囊技术

（1）微胶囊技术定义。微胶囊技术是指用特殊的手段将固体、气体或液体物质包在一个微小胶囊中的技术。微胶囊在一定的条件下，能以一定的速度释放包埋的物质。

（2）微胶囊技术在食品方面的主要用途

1）延长所包埋物质的储存期。

2）保持所包埋物质的功效。

3）掩蔽所包埋物质的“不良风味”。

4）隔离活性成分，防止相互作用，使活性成分稳定地存在于一个体系中。

5）控制物质的释放时机，包括风味物质的释放，减少其在加工过程中的损失，降低生产成本。

（3）微胶囊技术的安全质量要求。应注意的主要质量安全问题就是微胶囊壁材的选择，一是卫生安全无毒，二是可降解。应尽量采用国家允许使用的天然高分子化合物，不宜采用半合成的纤维素衍生物和合成高分子化合物作为食品微胶囊壁材。

2. 膜分离技术

（1）膜分离技术定义。膜分离技术主要是指超滤和反渗透技术。超滤是指利用具有微孔过滤功能的半透膜（超滤膜），截留溶液中的大溶质分子，以实现溶液中溶质与溶剂分离的一种工艺操作技术。反渗透是指对欲分离的溶液施加一定的压力（大于渗透压），使其溶剂分子从较浓溶液反向通过半透膜流向较稀溶液，以达到溶液中溶质与溶剂分离的一种工艺操作技术。

（2）超滤和反渗透工艺技术在食品工业中的用途。

1）纯净水类饮料的制造，饮用水的纯化、软化。

2）脱脂奶、果汁、咖啡等的浓缩。

3）乳清蛋白质和乳糖的分离，具有无机械破坏和热破坏损失的特点。

4）果胶、明胶溶液的浓缩。

5）味精生产中谷氨酸母液的浓缩。

6）其他食品的浓缩与分离。

（3）超滤与反渗透技术的安全质量要求。食品加工中应用超滤与反渗透技术应注意的安全问题是如何防止过滤膜的污染，要经常保持过滤膜的卫生、洁净，应及时除掉过滤膜上的各种有机及无机附积物，并对过滤膜进行定时的清洗和消毒。同时还应定期对超滤和反渗透工艺处理后的食品和半成品进行卫生质量分析检验并做好检验的原始记录。

3. 超临界萃取技术

（1）超临界萃取技术定义。超临界萃取技术是利用某些溶剂在临界值以上所具有的特性来提取混合物中可溶性组分的一种新的分离技术。该技术目前已用于咖啡中的咖啡因脱除、啤酒花中律草酮和蛇麻酮的萃取，各类种子油和鱼油的提取及各种香料有效成分的提取。

（2）超临界萃取技术在食品工业中的用途。作为萃取剂的超临界流体应对溶质有良好的溶解选择性，同时还应具有惰性和对人体无害的特点，及具有适当的临界压力和沸点。二氧化碳作为萃取剂在食品工业中被广泛应用。

（3）超临界萃取技术的安全质量要求。改性成分的加入是超临界萃取技术应注意的安全问题，为提高溶剂的溶解性能，调整溶剂的临界温度，增强溶剂的溶解选择性和对温度、压力的敏感性，提高分馏级数，有时在超临界流体中加入一些改性成分，或称夹带剂，常用的夹带剂有丙酮、甲醇等。溶剂残留问题与安全有关，必须引起注意。

4. 气体保藏技术

改变食品储藏环境的气体组成，达到抑菌杀菌和减缓食品变化的过程的工艺技术，称为气体保藏，简称CA保藏，如并用低温，则称为气体冷藏。储藏苹果和梨时，将环境中的氧气和二氧化碳比例调为3%：3%或5%：4%，比单用冷藏延长一倍的保存期，达4～6个月。在不透气的薄膜袋中填充二氧化碳和氮气，或在气体置换时并用脱氧剂，可有效地防霉、保色、防脂肪氧化，称充气包装。气体保藏已广泛地用于粮食、蔬菜、水果、茶叶、奶粉、火腿、香肠、花生、糕点及生鲜食品。该项技术应注意的质量安全问题是：所使用的二氧化碳和氮气是否符合国家标准，脱氧剂应严格按要求使用，不得与食品直接接触。

5. 微波技术

微波是一种频率为300～3 000 MHz的高频电磁波，一般使用的微波频率是2 450 MHz，波长12.24 cm，它具有极性，每秒钟可变方向为24.5亿次。微波技术是利用磁控管产生的高频电磁波，使食物分子相互碰撞而摩擦生热，以达到加热食物的目的。微波具有很强的穿透力，能使细胞的RNA和DNA的氢键松弛，断裂和重组，能有效地杀灭微生物。

微波技术总体上是安全的，但对脂肪酸等一些敏感性的成分可能存在一定的安全问题。此外还要注意微波泄漏问题，以免对工作人员造成身体伤害。

6. 食品生物技术

通过生物技术开发食品目前已是食品工业的一个重要领域，特别是转基因微生物及其酶制剂、食品添加剂的生产，已形成相当规模。在转基因技术中，通过对微生物特殊代谢产物的编码基因的鉴定和转移，可以改良品种，提高产品率和强化营养。目前已有许多酶制剂成功地利用基因工程进行了工业化生产。如牛乳蛋白酶、α-淀粉酶、葡萄糖并构酶等。以基因转移技术改良品种生产的食品，一般不存在基因污染的安全问题。以基因转移至农作物或动物中所种养出来的动植物为原料生产出来的食品称为转基因食品。目前我国已批准的商业化种植的转基因植物有番茄、棉花、甜椒、矮牵牛、抗虫杨和木瓜六种，涉及其性状功能有延熟、抗病毒、抗虫害等，更多的品种目前还在研究中。对于转基因食品的安全性，目前有不同的认识，相关国际组织和各国政府均制定有相关法规对基因食品进行管理，如 1993 年世界经济合作与发展组织（OECD）对转基因食品管理提出的“实质等同性原则”。我国政府 1993 年颁布的《基因工程安全管理办法》，1996 年颁布的《农业生物基因工程安全管理实施办法》，卫生部出台的《转基因食品管理办法》等。

六、食品添加剂与食品安全

1. 食品添加剂的概念

世界各国对食品添加剂的定义不尽相同，联合国食品添加剂法典委员会规定，食品添加剂为：“有意识地加入食品中，以改善食品的外观、风味、组织结构和储藏性能的非营养物质。食品添加剂不以食用为目的，也不作为食品的主要原料，也不一定有营养价值，而是为了在食品的制造、加工、准备、处理、包装、储藏和运输时，因工艺技术方面（包括感官方面）的需要，直接或间接加入食品中以达到预期目的，其衍生物可成为食品的一部分，也可对食品的特性产生影响。食品添加剂不包括污染物质，也不包括为保持或改进食品营养价值而加入的物质。”

美国食品与药品管理局 1965 年对食品添加剂的定义为：“有明确的或合理的预定目标，无论直接使用或间接使用，能成为食品成分之一或影响食品特征的物质，统称为食品添加剂。”此定义不但包含有意添加于食品中以达到某种目的的食品添加剂，而且还包括在食品的生产、加工、储存和包装等过程中间接转入食品中的物质。如用于制造包装和容器的物质，只要它们能成为食品的成分之一，或能影响容器内包装的食品性质的，也属于食品添加剂范畴。美国《食品工作标准》认为，食品添加剂应具有下列四种中的几种或至少一种效用：①维持和改善营养价值；②保持新鲜度；③有助于加工和制备；④使食品更具吸引力。

我国《食品安全法》对食品添加剂的定义为：“指为改善食品品质和色、香、味以及为防腐、保鲜和加工工艺的需要而加入食品的人工合成或者天然物质。”在我国，食品营养强化剂也属于食品添加剂，“食品营养强化剂卫生管理办法”规定，食品营养强化剂是指“为增强营养成分而加入食品中的天然或者人工合成的属于天然营养素范围的食品添加剂”。在食品加工和原料处理过程中，为使之能顺利进行，还有可能应用某些辅助物质。这些物质本身与食品无关，如助滤、澄清、润滑、脱膜、脱色、脱皮、提取溶剂和发酵用营养剂等，它们一般应在食品成品中除去而不应成为最终食品的成分，或仅有残留，对这类物质特称之为食品加工助剂。食品添加剂按来源可分为天然食品添加剂和化学合成食品添加剂。

2. 食品添加剂的作用

（1）有利于提高食品的质量。随着生活水平的提高，人们对食品的品质要求也越来越高，不但要求食品有良好的色香味形，而且要求食品具有较高的、合理的营养结构，这就要求在食品中添加合适的食品添加剂。食品添加剂对食品质量的影响主要体现在三个方面：

1）提高食品的储藏性，防止食品腐败变质。绝大多数食品都来自动物、植物，植物采收或动物屠宰后，若不能及时加工或加工不当，往往会发生腐败变质，失去原有的食用价值，有的甚至还有毒，这样就会给农业和食品工业带来很大损失。适当使用食品添加剂，可以防止食品的败坏，延长保质期。如防腐剂可以防止由微生物引起的食品腐败变质，还可以防止由微生物引起的食物中毒；抗氧化剂可阻止或延缓食品的氧化变质，抑制油脂的自动氧化反应，抑制水果、蔬菜的酶促褐变和非酶促褐变。

2）改善食品的感官性状。食品的色、香、味、形态和质地是衡量食品质量的重要指标。食品加工后，往往发生变色、褪色，质地和风味也可能有所改变。在食品加工中，如果适当使用着色剂、护色剂、漂白剂、食用香料以及乳化剂、增稠剂等添加剂，可显著提高食品的感官性状。如增稠剂可赋予饮料所要求的稠度，着色剂可赋予食品诱人的色泽。

3）保持或提高食品的营养价值。食品质量的高低与其营养价值密切相关。防腐剂和抗氧化剂在防止食品腐败变质的同时，对保持食品的营养价值也有一定的作用。在加工食品中适当地添加食品营养强化剂，可以大大提高食品的营养价值。

（2）增加食品的品种和方便性。当今社会，人们生活节奏加快，生活水平不断提高，大大促进了食品品种开发和方便食品的发展。众多食品，尤其是方便食品的供应，给人们的生活和工作以极大的方便，而这些食品往往含有多种食品添加剂，如防腐剂、抗氧化剂、增稠剂、食用香料、着色剂等。

（3）有利于食品加工。在食品加工中使用食品添加剂，有利于食品加工。如面包加工中，膨松剂是必不可少的基料；制糖工业中添加乳化剂，可缩短糖膏煮炼时间，消除泡沫，提高过饱和溶液的稳定性，使晶粒分散、均匀，降低糖膏黏度，提高热交换余数，稳定糖膏，进而提高糖果的产量与质量；采用葡萄糖酸内酯作豆腐的凝固剂，有利于豆腐生产机械化和自动化。

（4）有利于满足不同的特殊营养需要。研究开发食品必须要考虑到如何满足不同人群的需要，这就要借助于各种食品添加剂。例如，糖尿病人不能吃蔗糖，可用甜味剂如天门冬酰苯氨酸甲酯、甜叶菊糖等来代替蔗糖用于加工食品。

近年来，功能性食品添加剂的开发和研究日益受到重视。研究表明，大豆异黄酮、人参素、缀合的脂肪酸、槲皮苷、番茄红素等具有明显的防癌作用。核酸可防止皮肤出现皱纹和粗糙等衰老现象，光和菌可调节人体分泌功能，提高免疫力。这些功能性食品添加剂可添加到食品中，加工成保健食品，以便不同人群的需要。

(5) 有利于开发新的食品资源。目前，许多天然植物被重新评价，丰富的野生植物资源亟待开发利用，这就需要添加各种食品添加剂，制成营养丰富、品种齐全的新型食品，满足人类发展的需要。

(6) 有利于原料的综合利用。各类食品添加剂可使原来丢弃的东西重新得到利用，并开发出物美价廉的新型食品。例如生产豆腐的副产品豆渣中，加入添加剂，可生产出膨化食品。

3. 食品添加剂的发展趋势

食品添加剂的发展方向是天然、营养和功能化。在环境保护和回归大自然的呼声影响下，特别是由于各国尤其是发达国家肥胖病、心脑血管病、糖尿病患者日益增多，国际社会特别崇尚天然、营养和功能性食品，而作为现代食品基料之一的添加剂也必须朝这一趋势发展。例如在日本，有保健作用的天然抗氧化剂（如绿茶萃取物、甘草萃取物、迷迭香萃取物）的市场日益增长，约有 100 亿日元的年销售额，并以 5%～6%的数量，2%～3%的销售额增长，功能性的糖醇类甜味剂年需求量已达 18.9 万吨。

4. 食品添加剂的安全性管理

(1) FAO/WHO 对食品添加剂的管理。联合国世界粮农组织和世界卫生组织于 1955 年 9 月在日内瓦召开第一次国际食品添加剂会议，商讨有关食品添加剂的管理和成立世界性国际机构等事宜。1956 年在罗马成立了 FAO/WHO 所属的食品添加剂专家委员会。由世界权威专家组织以个人身份参加、以纯科学的立场对世界各国所用的食品添加剂进行评议，并将结果不定期公布。会议基本上每年开一次，到 1995 年已开了 44 届，1962 年世界粮农组织和世界卫生组织联合成立了食品法典委员会，下设食品添加剂法典委员会，每年定期召开会议，对 JECFA 所通过的各种食品添加剂的标准、试验方法、安全性评价等进行审议和认可，再提交疾控中心复审后公布，以在广泛的国际贸易中，制定统一的规格和标准，确定统一试验方法和评价，克服由于各国法规不同造成贸易上的障碍。

(2) 我国对食品添加剂的管理。我国于 1973 年成立“食品添加剂卫生标准科研协作组”，开始有组织、有计划地管理食品添加剂。1977 年制定了最早的

《食品添加剂使用卫生标准（试行）》（GB/T—50—77），1980 年在原协作组基础上成立了中国食品添加剂标准化技术委员会。1981 年制定了《食品添加剂使用卫生标准》（GB 2760—81），并于 1986 年、1996 年、2007 年三次进行了修订。此外，1992 年颁布了《食品添加剂生产管理办法》，1993 年颁布了《食品添加剂卫生管理办法》，1995 年正式颁布了《食品卫生法》，2009 年 6 月 1 日开始实施的《食品安全法》（《食品卫生法》同时废止），对食品添加剂的生产、使用作出了相关的规定。以上标准和法规的颁布实施大大加强了我国食品添加剂的有序生产、经营和使用，保障了广大消费者的健康和利益。

5. 常用食品添加剂介绍

（1）防腐剂。常用的有苯甲酸钠、山梨酸钾、二氧化硫、乳酸等，用于果酱、蜜饯等的食品加工中。

（2）抗氧化剂。与防腐剂类似，可以延长食品的保质期，常用的有维 C、异维 C 等。

（3）着色剂。常用的合成色素有胭脂红、苋菜红、柠檬黄、靛蓝等，可以改变食品的外观，使其增强食欲。

（4）增稠剂和稳定剂。可以改善或稳定冷饮食品的物理性状，使食品的外观润滑细腻，可使冰激凌等冷冻食品长期保持柔软、疏松的组织结构。

（5）营养强化剂。可增强和补充食品的某些营养成分，如矿物质和微量元素（维生素、氨基酸、无机盐等）。

（6）膨松剂。部分糖果和巧克力中添加膨松剂，可促使糖体产生二氧化碳，从而起到膨松作用，常用的膨松剂有碳酸氢钠、碳酸氢铵、复合膨松剂等。

（7）甜味剂。常用的人工合成的甜味剂有糖精钠、甜蜜素等，目的是增加甜味感。

（8）酸味剂。部分饮料、糖果等常采用酸味剂来调节和改善香味效果，常用柠檬酸、酒石酸、苹果酸、乳酸等。

（9）增白剂。过氧化苯甲酰是面粉增白剂的主要成分。我国食品在面粉中允许添加的最大剂量为 0.06 g/kg，增白剂超标，会破坏面粉的营养，水解后产生的苯甲酸会对肝脏造成损害，过氧化苯甲酰在欧盟等发达国家已被禁止作为食品添加剂使用。

（10）香料。香料有合成的，也有天然的，香型很多。消费者常吃各种口味的巧克力，生产过程中广泛使用各种香料，使其具有各种独特的风味。

第三节　主要食品生产加工中的食品安全问题

食品的生产加工过程包括原料的采购、储运、加工、包装、成品的储运等环节，每个环节都有可能带来一种或多种类型的食品危害。

一、粮油食品生产加工过程中的安全问题

粮油食品主要指由稻米、小麦、玉米、大豆、花生等大宗农产品原料及其初级加工产品（大米、面粉、油脂）加工而成的食品，包括各种工业化的传统主食（米饭、馒头、面条）、副食（豆制品）、方便食品（速冻主食、挂面、方便面、方便米饭）以及各种膨化休闲食品等。据国家质监总局对部分粮油食品质量抽验结果显示：挂面、馒头等面制品中过氧化苯甲酰超标严重，方便面中存在苯甲酸超标现象，速冻米面中包子、饺子等带馅食品中过氧化值、酸价、细菌总数、大肠菌群等指标超标严重。豆制品中的质量问题最为严重，非法添加甲醛次硫酸酸钠（吊白块）、滥用防腐剂苯甲酸的现象非常普遍。造成上述安全问题产品主要是由一些个体、私营小企业不守法生产造成的。在我国出口的粮油产品中，出现的安全问题主要是由于产品的有害化学成分、真菌毒素超出国际或进口国标准造成的。

1. 原料的安全问题

粮油食品原料主要存在的危害因素有生物性危害，如花生、大豆中黄曲霉毒素、小麦中的赤霉病害等；化学性危害，如农药残留、重金属、多环芳烃化合物污染等；物理性危害，如金属、玻璃、沙石、杂草等无机或有机杂质。

过去食品企业在收购粮油原料时，通常只对水分、蛋白质、油脂、杂质的含量、加工程度等指标进行检测，而对涉及安全性的指标不作要求或要求很少。一方面相当多的企业受到检测能力制约（设备与技术人员），另一方面就是在思想上对原料的食品安全不重视或重视不够。有能力的企业应尽快建立企业自身的食品安全检测体系，还不具备检测能力的中小企业，应委托具有法定资格的检测机构进行原料检验，并按国际标准或国家标准，把好企业原料进口关，确保进入加工领域的产品原料不存在各种危害因素。

2. 原料储运期间的安全问题

（1）原料储运期间的安全问题。通常原料在采购后到加工前还要经过运输、一定时间的储存等中间环节，在此过程可能产生的安全问题有：

1）生物性危害。如由于运输、存储环境不够清洁卫生、原料包装破损等原因造成的微生物及其毒素的污染，存储条件不当造成的真菌大量繁殖及真菌毒素的产生；

2）化学性危害。如原料在运输过程中由于包装破损受到尘土和空气中化学物质的污染，与有害化学物质（如农药、化肥等）堆放在一起而引起的化学污染，在原料储存过程中，为防治病虫害采用药物熏蒸，造成药物残留超标，滥用灭鼠药（氟化物、氰化物剧毒农药）造成的危害。

（2）解决措施。通过加强管理，改善运输装备和储存环境，以及通过新方法、新工艺的使用可以杜绝和减少上述危害问题。如改善储运环节的卫生条件，加强安全隔离意识，坚决避免粮油原料与有毒有害化学物质混运、混储；改善存储条件，保证良好通风，做好防潮措施；减少熏蒸剂用量，使用低毒安全杀虫剂、灭鼠药；原料堆放，及时作散热处理。

3. 加工过程的安全问题

（1）在粮油加工中可能产生的安全性问题：

1）生物性危害。加工过程中由于企业生产环境卫生条件较差，原辅料杀菌不彻底，生熟材料混放等造成的微生物污染和大量繁殖。

2）化学性危害。如加工中过量使用化学添加剂（色素、香精、抗氧化剂等）或使用未经批准的非法添加剂（如吊白块、硫黄、工业盐、矿物油等）造成的化学危害，油脂生产过程中存在的油和粮中有机溶剂残留超标，设备润滑剂泄漏造成的污染，包装材料、破损容器带来的化学污染，加工过程中产生的新的化学危害（苯并芘、霉菌毒素、氯丙醇等）。

3）物理性危害。原料清理不充分以及由于设备、包装材料、操作人员等带进的外来异物等。

（2）解决措施。生产过程中带来的安全性问题可以通过严格执行食品生产企业卫生标准操作规范得以减轻和避免。具体到粮油食品加工，首先应注意加工工艺流程设计应当科学、合理；其次对工艺流程的控制应当严格、规范。粮油原料加工前要经过必要清理工序，如谷物的清洗、筛选、去壳等处理可减少原料本身所含有的微生物数量、减轻农药残留及其他物理危害。保证充分合理地使用蒸煮、烘烤、微波、油炸等加热处理方法，最大程度杀灭微生物，清除寄生虫等生物危害以及消除植物原料中的天然毒素。科学合理地使用防腐剂、色素、面团改良剂等食品添加剂，增加产品的保存期和感官品质，减少加工工艺带来的新的污染和危害，如对油炸食品（方便面、油条等）在油炸过程中产生的苯并芘、油脂过氧化物，可通过及时换油、控制油温等来避免或减轻危害。此外，要注意加工设备的安全环保性能，防止和容器磨损物脱落、润滑油泄漏及重金属元素溶出对食品造成的新的危害。对由于机器设备和操作人员的因素造成的物理危害（金属、玻璃等），可在生产线的关键步骤上安装必要的异物监测设备。

包装是现代加工食品必不可少的一道安全屏障。包装材料的选择对食品安全有重要影响。这方面的问题，一是目前市场上出售和使用的塑料袋大多是由小企业甚至是小作坊生产的，有的用废旧塑料、工业废弃物、医疗垃圾不经消毒即作原料，这些材料本身就含有对人体有害的致病菌、铅等重金属元素，特别是用含铅油墨印制的包装袋极易造成食品铅污染。二是塑料制品中所含的单体、稳定剂、抗氧化剂、增塑剂的溶出会对食品安全带来危害。食品生产企业在购制包装材料时要特别注意所购材料的安全性，另外，政府及相关的监管部门要从食品包装材料生产厂家抓起，从源头上严格监管。

4. 成品储运安全性问题

在从生产厂家到市场销售过程中，生产企业往往还要负责成品的储存和运输任务。成品在储运过程中遇到的安全问题，与一般储运大致相近，相比原料和生产各类危害性要少得多。在成品储运过程中，应保证成品油在储运过程中不会受到二次污染。如速冻食品采取冷链储运方式，在储运过程中应避免破损等。

二、果蔬制品生产加工过程中的安全问题

常见的果蔬加工有果（蔬）汁、鲜切果蔬、速冻蔬菜、果（蔬）脯、酱、干、粉、罐头、腌制制品等。根据国家质检总局的抽检，在果蔬加工中目前最严重的问题是添加剂滥用的问题。糖精钠、甜蜜素、苯甲酸、山梨酸、二氧化硫、着色剂（柠檬酸、日落黄、苋菜红、胭脂红、靛蓝）超标使用现象相当严重。少数企业生产条件简陋，菌总数超标严重。我国出口果蔬生产企业产品中农药残留超标、真菌毒素超标也是受到普遍关注的质量安全问题。

1. 原料安全问题

果蔬原料具有品种复杂、易腐败变质、保鲜难的自然属性。由原料带来的主要安全危害，一是生物性危害，由细菌、霉菌、酵母菌等微生物造成的腐败以及产生的真菌毒素的危害；二是化学性危害，包括农药（有机磷、有机砷等）、保鲜剂（亚硫酸盐）残留，植物生长激素（生长素、赤霉素、乙烯利等）、重金属元素（汞、铅等）等超标带来的危害；三是物理性危害，如泥土、沙石、枝叶等无机和有机杂质。其中农药残留是最引人关注的一项危害。

解决措施：企业收购果蔬原料、应剔除霉烂、破损的次品，参照国家标准或国际标准，加强对果蔬原料的农药、亚硝酸盐、重金属元素的检验，这是确保最

终产品质量安全的基础。

2. 原料储运期间的安全问题

果蔬原料一般具有水分含量高、组织脆弱、营养丰富、代谢旺盛、自身带菌高等特点，储运保鲜一直是个难题。其中主要的质量安全问题，一是生物性危害，由于运输过程受到污染，原料的机械损伤以及储存环境温度过高、时间过久等原因而造成微生物污染和毒素的产生；二是化学性危害，如运输过程中与有害化学物质放在一起引起化学污染，非法化学保鲜剂（二氧化硫、盐酸）的残留等，最大的危害是微生物快速繁殖带来的危害。

解决措施：改善储运装备，对原料及时进行商品化处理，采用低毒、低残留的化学保鲜剂，以低温、气调储运保鲜代替化学方法处理。

3. 加工过程的安全性问题

果蔬的加工一般包括清洗、切分、热处理（或低温处理）等工艺，其中存在的安全问题，一是生物性危害，由于企业生产环境卫生条件差，原辅料减菌化处理（清洗、热处理、冷冻等）不充分而造成微生物污染；二是化学性危害，加工中滥用或使用非法化学添加剂，原料清洗剂（氯水、双氧水）残留超标，防褐变处理试剂（亚硫酸钠、EDTA 等）残留超标以及其他原因，如包装材料等带来的化学危害；三是物理危害，原料的非食用部分（核仁、壳等）清理不充分及包装材料、人员操作带来的异物等。

解决措施：需由监管部门的严格监管和企业的质量安全意识及质量安全控制措施共同解决。如保证原料清洗水的卫生质量，采用柠檬酸、坏血酸替代亚硫酸钠作为防褐变剂，尽量采用柠檬酸、乳酸、醋酸替代苯甲酸、山梨酸作为防腐剂；通过干燥、糖盐等综合措施降低产品水分活度，增加储存安全性；有效控制热处理温度、时间，保证杀菌效果，采用无毒包装材料。

4. 成品储运安全性

保证成品储运所需的低温条件，配送期间需冷藏（冻）车进行温度控制，尽量防止产品温度波动，以免质量下降。在储运过程中要保证储运环境的安全卫生，包装材料的完整。

三、畜产品生产加工过程中的安全问题

畜产品主要是指肉类、乳类加工制品，包括冷却肉、香肠、火腿、肉干、肉脯及各种熟肉制品，液态奶、奶粉、酸奶、乳饮料等乳制品。在肉制品上主要质量安全问题有：在中式香肠和腌腊制品中违规使用合成色素（胭脂红、诱惑红、日落黄）和不允许使用的防腐剂（苯甲酸或苯甲酸钠），香肠制品中亚硝酸盐残

留量超标严重；部分产品水分含量超标，影响产品的保质期；肉干、肉脯类产品细菌总数、大肠菌群超标严重，冻肉等畜产品兽药超标已成为畜产品出口面临的最大的非关税贸易壁垒。乳制品中存在的安全问题有：部分奶粉产品硝酸盐含量超标，乳酸饮料部分产品含有不准使用的防腐剂苯甲酸，冰激凌产品菌类总数、大肠菌群严重超标，甜蜜素、着色剂等添加剂超标。

1．原料的安全问题

畜产品原料包括动物的活体和胴体，可能带来的安全问题，一是生物性危害，由细菌、真菌等造成的腐败和微生物毒素危害；二是化学性危害，为防止禽畜疾病而使用的抗生素类、磺胺类、呋喃类药物，为促进动物生长发育使用的激素类药物，由饲料和周围环境进入动物体内的重金属元素、二噁英、五氯酚钠等，以及饲料中非法添加的“瘦肉精”（盐酸克伦特罗）等有害化学物质；三是物理性危害，如骨块、金属、草屑等。

解决措施：在原料收购中，对畜产品原料中残留的抗生素、违禁药品、病原微生物进行严格检验是保证加工制品安全的关键环节，对畜产品加工中掺杂作假，以次充好的原料问题（如注水肉、病死畜禽）进行严格监管。

2．原料储运期间的安全问题

一是生物性污染问题，如在储运过程中由于储运环境、容器卫生条件差等原因造成的微生物（细菌、真菌、病毒）及其毒素的污染，储运条件不当（如温度过高、时间过久）造成微生物大量繁殖等；二是外来化学物质的污染，原料在运输过程中由于受到尘土、空气、容器中的化学物质的污染，与有害化学物质堆放在一起造成的化学污染等。

解决措施：改善储运环节的卫生状况，加强安全隔离和科学运输意识；及时剔除运输畜禽中的病弱动物，防止过度疲劳、饥饿、拥挤等现象；对牛奶、屠宰后胴体采取冷链流通、冷冻或冷藏的方法；原料尽量及时使用，减少长时间积压和储存的情况。

3．加工过程的安全性问题

肉制品加工过程主要包括畜禽屠宰、冷却（冻）、清洗、腌制、烟熏、干燥等工艺；乳制品加工则包括过滤、灭菌、发酵、均质、冷冻、干燥等工艺。加工中可能产生的主要危险，一是生物性危害，由于生产环境卫生条件差，杀菌不彻底造成微生物的大量繁殖；二是外来化学物质的危害，加工中滥用或非法使用化学添加剂（防腐剂、合成色素、发色剂、抗氧化剂、糖味剂等），不良加工过程中（烘烤、烟熏、腌制等）产生的新的有害化学物质（苯并芘、亚硝基化合物等）。

解决措施：加强生产企业的食品安全管理，改进加工工艺和产品形式，如改热鲜肉为冷却肉，液态奶由巴氏杀菌改为超高温瞬时杀菌，采用无烟熏制品、发色剂以及抗坏血酸等代替亚硝酸盐，采用天然色素代替合成色素等。

4．成品储运的安全性问题

冷却肉、西式火腿、酸奶、冰激凌等未经加热处理的产品本身有一定的含菌量，应有低温储运条件，否则易造成微生物大量繁殖而腐败变质。包装后的产品应尽快放入冷库中冷藏，运输则需冷冻控温，防止产品温度波动。经高温处理或降低水分活度的产品虽无特殊储运要求，也应注意储运的环境安全卫生，应与原料和其他有害物质隔离储运，包装材料应完整安全。

四、液体饮料生产加工中的安全问题

液体饮料包括碳酸饮料、果（蔬）汁饮料、含乳饮料、茶饮料、植物蛋白饮料、功能性饮料等。液体饮料的生产工艺因产品不同而有所不同，一般包括水处理、容器处理、原辅料处理和混料后的均质、杀菌、灌装等工艺。

1．水处理工艺中的安全性控制

水是液体饮料最主要的成分，水质好坏直接影响饮料质量和风味。水中的杂质可分为悬浮和溶解两大类，悬浮杂质可采取澄清和过滤的方法除去；溶解的杂质则需采用其他物理、化学方法除去，如离子交换、电渗析、蒸馏和反渗透等。

水处理工艺中可能存在的生物性危害是过滤、反渗透等设备污染了微生物，物流、化学性危害主要是水源水质或设备卫生状况不佳造成的电导率、浊度、pH 值和铁含量等指标超出正常范围。

控制措施：选择无污染的水源，处理后的水质必须达到国家生活饮用水卫生标准和产品的品质要求。定期全面清洁消毒水处理系统，及时更换滤芯、渗透膜等元件。每个小时自动监测水的 pH 值、电导率、浊度等指标，每周做 1 次微生物检测和铁含量测定。

2．原料的安全性问题

液体饮料的主要原料为水、乳及乳制品、果蔬原汁或浓缩汁以及甜味料、食用油脂、食品添加剂和二氧化碳等辅料，各种原辅料必须符合相应的国家卫生标准。

（1）各种原料中潜在的危害因素。果蔬原汁或浓缩汁中可能存在的生物危害主要是微生物污染，化学性危害包括农药残留、重金属和激素等，物理性危害主要是杂质。

食品添加剂可能存在重金属及其他有害化学物质的含量超标的问题。二氧化碳可能存在的危害主要是因为纯度不够而含有一氧化碳、二氧化硫、氢气、氨气和矿物油等化学杂质。

白砂糖、绵白糖等甜味料在储存、运输过程中，其中残留的霉菌、酵母菌、芽孢菌等可能大量增长繁殖，不当的运输条件还可能带来异物污染。提取糖的植物在生长过程中如大量吸附土壤中的重金属，可能造成产品的重金属超标。

（2）控制措施。对原料进行索证和抽样检验，并建立对供货商产品质量管理体系的监控制度，对易腐败变质的原料的运输条件和状况定期进行检查并妥善保存。

后续工序中的过滤处理可以去除原料中的物理性异物。

3. 加工过程的安全性问题

（1）潜在危害

1）生物性危害。来源于包装上可能存在的微生物，或不卫生的混合罐、管道等设备污染或制备的糖浆中存在的微生物。

2）化学性危害。超范围、过量使用食品添加剂。

3）物理性危害。原料中存在的细微杂质，以及原料开箱（包、桶）过程中产生的一些杂质，如木纸屑、铁皮、螺母、污物，甚至工具等掉入混合罐。

（2）控制措施

1）拆包以及设备的清洗和维护按 GMP 和 SSOP 范围操作程序操作。在缓冲间拆包，外包装不得进入生产车间。

2）配料室和糖浆室应定期清洗、消毒。

3）制备糖浆时必须严格控制卫生条件，从配料到储存，各工序都必须严格防止污染。采用热溶法化糖，可以杀灭一部分微生物。糖溶解后要过滤以除去糖液中的微细杂质和部分微生物。调好的糖浆必须尽快使用。用剩的糖浆必须从管道和混合器中全部排除，并及时进行管道和混合器清洗、消毒，以防止微生物的生长繁殖。

4）配方中使用的甜味剂、酸味剂、着色剂、防腐剂、乳化剂、增稠剂和食用香精等添加剂必须符合《食品添加剂使用卫生标准》的有关规定。

5）使用金属探测器和过滤系统除去物理性危害。为避免过滤设备失效，应定期清洁和更换过滤网。

4. 杀菌

各种液体饮料在原辅料处理阶段或产品形成过程中或形成最终产品后，必须有杀菌工序来控制原辅料或生产过程中的微生物污染，杀菌方法很多，应根据产品的性质选择不同的杀菌方法。

为保证使用杀菌后的产品基本达到无菌状态，必须根据产品的性质选择合适的杀菌工艺，严格控制杀菌工艺的时间和温度，并定期校验灭菌设备和温度计量仪器。

5. 灌装和封口（盖）

（1）潜在危害。环境中的微生物、尘埃粒子，包装材料残留的微生物、异物，人员个人卫生不良、操作不当。

（2）控制措施

1）严格控制灌装环境卫生。灌装一般在暴露和半暴露条件下进行，尤其对无最终产品消毒的品种，环境的卫生特别重要，其中空气净化是防止微生物污染的重要环节。

2）对于热灌装产品，应严格控制料温和净含量，并剔除净含量不合格的产品。热灌装后液面与盖口间的微小环境为微生物滋生环境，通过热运行工艺可控制这一危害。热运行时，必须保证封装后产品呈倒置状态，并保持一定的时间。

3）包装容器清洗、消毒要彻底。包装容器种类很多，有玻璃瓶、塑料瓶（袋）、易拉罐以及纸盒等。包装容器的材料应无毒无害，并具有一定的稳定性，即耐酸、耐碱、耐高温和耐老化。严格控制回收旧瓶，回收旧瓶要剔除污染严重不易洗净或瓶口不平的空瓶，使用前必须经过严格清洗、消毒。

4）灌装间工作人员必须保持良好的个人卫生，严格按规程操作。

6. 生产特殊要求

（1）生产环境的特殊要求。生产区应按一般作业区（品质实验室、原料处理、仓库、外包装等）、准清洁作业区（杀菌车间、配料车间、预包装清洗消毒车间等）、清洁作业区（灌装车间等）划分。各区之间应给予有效隔离，防止交叉污染。清洁作业区应为10万级以上洁净厂房，入口处应设有人员和物流净化设施。

（2）生产设备的特殊要求。必要的生产设备包括水处理设备、配料罐、过滤器或离心机、杀菌设备、储罐、自动灌装封盖设备、瓶及盖的清洗消毒设施及生产果蔬汁饮料、植物蛋白饮料原料预处理设施、榨汁机或制浆机等设备。

五、酱油生产加工中的安全问题

酱油是以植物或动物蛋白以及碳水化合物（主要是淀粉）为主要原料，经过微生物酶或其他催化剂的催化水解生成多种氨基酸和各种糖类，再以这些物质为基础，经过复杂的生物化学变化，合成具有特殊色泽、香气、滋味和体态的调味液。酱油产品包括酿造酱油和配制酱油。酿造酱油是指以大豆（饼粕）、小麦和

（或）麸皮等为原料，经微生物发酵制成的具有特殊色、香、味的液体调味品；配制酱油是指以酿造酱油为主体，与酸水解植物蛋白调味液、食品添加剂等配制而成的液体调味品。

1. 加工过程中的主要危害及其控制措施

（1）原料

1）潜在危害

①生物性危害。主要是霉菌及其毒素、害虫及其虫卵污染。

②化学性危害。大豆、小麦植物在种植过程中因“三废”带来的重金属和有机物污染，农药残留；大豆本身有的多种生物活性物质，如蛋白酶抑制剂、脂肪氧化酶、植物红细胞凝集素、致甲状腺肿素、皂甙、胀气因子（某些低聚糖），豆粕原料存在溶剂残留危害（大豆提取油脂过程中引入）。

③物理性危害。沙石、金属、泥土、草屑、豆荚、茎秆等杂质。

2）控制措施

①选用籽粒饱满、完整、干燥、无霉变、无虫蛀、未出芽的大豆原料，不得使用受工业“三废”和其他有毒害物质污染的原料。采购豆粕、面粉、麸皮等原料要求供货商提供检验合格证，加强原料进仓前检验。定期抽检原料中黄曲霉毒素 B_1、农药残留量、重金属含量等指标；

②通过除杂工艺尽可能除去原料中的杂质；

③加强原料储存期间的水分控制，使各种原料的水分含量保持在适宜的限值之下；

④大豆中含有的生物活性物质在下一步的熟制工艺中可以清除。

（2）辅料及包装容器

1）潜在危害

①水质不符合卫生或工艺要求；

②耐盐、耐糖的酵母菌、细菌等微生物；

③铅、砷、汞等有害重金属超标；

④混入泥沙等杂质；

⑤包装材料在生产过程中使用了不符合食品卫生要求的原材料或助剂，有毒单体或助剂可能溶于酱油中；

⑥包装材料在运输、存放过程中被细菌、霉菌等微生物污染；

⑦玻璃容器在运输、存放过程中破裂，产生碎玻璃等异物。

2）控制措施

①采用由盐业公司提供的精制食盐；

②接收原料时抽样检验符合国家标准方可入库；

③溶糖时采用热处理，控制酵母污染；

④后道工序有过滤处理可除去物理性杂质；

⑤要求供货商提供卫生许可证和检验合格证；

⑥定期抽样检验重金属含量等指标；

⑦控制包装材料的储存条件，仓库应保持洁净、干燥、通风；

⑧回收旧瓶要剔除污染严重不易洗净、瓶口不平或破损的空瓶，使用前再次进行检查和清洗、消毒；

⑨选择符合国家标准的水源，由自来水厂供水或根据需要对用水进行过滤、杀菌、除硬等处理。

(3) 蒸料、冷却

1) 潜在危害

①加热过程未能彻底杀灭原料中存在的病原微生物；

②冷却设备消毒不彻底或人员操作不规范等导致物料在冷却过程中浸染杂菌。

2) 控制措施

①严格控制蒸料的温度和时间等条件参数，彻底杀灭原料中的病原微生物；

②冷却前对冷却场所、设备、器具进行彻底的清洗消毒，并加强冷却过程操作的规范管理。应尽量缩短冷却和散凉时间，降至规定的温度时应立即接入种曲。

(4) 接种、种曲、培养

1) 潜在危害

①菌种不纯或在长期使用过程中产生退化、变异；

②接种、培养过程中因环境不卫生、器具消毒不彻底、人员操作不规范或培养温度、水分控制不当而导致杂菌污染。

2) 控制措施

①选用活力强、不产毒、不变异的优良菌种，购买时要求供货商提供菌种鉴定证明。菌种应储存在通风、干燥、低温、洁净的专用室内。定期对菌种进行筛选、纯化和鉴定，防止杂菌污染、菌种退化和变异产毒；

②接种时应做到无菌操作，在无菌室或超净工作台中进行。无菌室或超净工作台要定期消毒灭菌；

③种曲室、培养室使用前后要彻底清扫干净，室内定期进行熏蒸消毒；

④严格控制培养过程中的温度与水分；

⑤所有容器具和工具使用前后必须彻底清洗消毒，做到清洁、无菌。

（5）制曲和发酵

1）潜在危害

①制曲过程中原料润水过高，或温度、通风等条件控制不当，或环境、工具污染，或种曲杂菌数过高，或操作不规范等原因而污染大量杂菌；

②发酵过程酱醪的含盐量、温度控制不当，或环境、设备、器具等消毒不彻底造成杂菌污染。

2）控制措施

①控制曲料水分在适宜范围内，并严格控制制曲过程的温度、通风、翻曲等条件和措施，要求在敞口条件下通风培养；

②根据工艺要求严格控制好酱醪的含盐量，保持均匀合适的温度，使有害微生物的繁殖受到抑制；

③制曲车间和发酵室投料前后要彻底清洁干净，室内定期进行熏蒸消毒；

④所有设备、容器具和工具必须使用前后彻底清洗消毒，做到清洁、无菌。

（6）浸淋、澄清（沉淀）、过滤

1）潜在危害

①沉淀设备不清洁，或防护措施未做好，或沉淀周期过长导致半成品被致病菌污染；

②过滤（或超滤）时因滤材未及时清洗，或残液未及时清除，或滤材未及时更换而导致半成品被微生物污染。

2）控制措施

①沉淀设备使用前要进行彻底的清洗、消毒，并做好防污染措施；

②控制沉淀周期不超过40天，超过要对半成品进行复检；

③滤材要及时清洗、更换，残液要及时清除。

（7）配兑

1）潜在危害

①用于溶解添加物等辅料的水未煮开，或加入带菌的添加剂或糖等辅料导致半成品被致病菌污染；

②过量加入橙味剂、防腐剂和色素等添加剂；

③包装纸、绳等杂物污染。

2）控制措施

①严格按规程操作，操作前要清除外包装等异物。用沸水溶解添加物，并经过滤处理；

②严格控制添加剂的使用量，投料时重复称量两次，并做好记录。称量器具定期校验。

（8）灭菌

1）潜在危害

①加热温度或维持时间不够造成灭菌不彻底；

②管道、设备不清洁等导致产品被致病菌污染。

2）控制措施

①严格控制加热温度与维持时间，以彻底杀灭细菌、酵母等杂菌；

②管道与设备使用前采用蒸汽消毒，定期使用高温水对管道设备进行冲洗灭菌。

（9）包装材料的清洗、消毒。为防止不卫生的包装材料对产品造成污染，使用前应对其进行清洗、消毒。玻璃容器一般采用蒸汽灭菌，塑胶包材采用药物消毒。

1）潜在危害

①蒸汽灭菌的温度及时间控制不当，或消毒剂的杀菌力不强，或药物浓度、消毒时间等控制不当均可导致消毒不彻底，影响产品微生物指标；

②洗涤剂、消毒剂的成分和残留量不符合国家有关法规和标准要求，碎玻璃等异物。

2）控制措施

①严格控制蒸汽灭菌的温度和时间；

②采购洗涤剂、消毒剂要求供货商提供卫生许可证和产品合格证；

③严格按照规程要求配制和使用洗涤剂、消毒剂，严格控制药物消毒的时间；

④包装材料在清洗消毒后必须有验瓶工序，验瓶人员要严格按规程操作，将有裂口和碎玻璃及其他异物的瓶子拣出。

（10）灌装

1）潜在危害

①环境、设备、容器不卫生，或人员操作不规范导致产品被微生物污染；

②灌装后压枳或旋盖（胶罐装）不紧，产品密封性不好影响产品的质量，酱油在制造、输送过程中引入的异物或压盖过程中瓶口崩裂物、拉环盖等污染产品。

2）控制措施

①严格控制灌装环境卫生。灌装间应安装空气净化设备，并保持正压。空气

净化设备应定期清洗、消毒，及时更换滤件，防止设备污染或老化造成净化能力下降。灌装间消毒可采用紫外线照射或过氧乙酸熏蒸消毒；

②加强对设备、管道、容器的清洗消毒，保证灭菌后的酱油所经过的设备、管道和容器清洁无菌；

③加强对灌装工序人员的管理，要求其保持良好的个人卫生，并严格按规程操作；

④酱油在灌装前要有过滤措施，除去异物；

⑤压枳、旋盖和压盖工序的操作人员应严格按规程操作，质量管理人员要加强抽查，发现旋盖不紧或带有碎玻璃及其他异物的产品立即拣出，同时分析原因及时调整。

2. 生产特殊要求

企业应具备与生产能力相适应的厂房、原辅材料仓库、成品仓库和实验室。生产用厂房能满足原料处理、种曲（外协的除外）、制曲、发酵、浸滤、调配、灭菌和灌装（包装）的工艺要求。厂房与设施必须根据工艺流程合理布局并便于卫生管理和清洗、消毒。灌装和主要车间入口处必须设有消毒设施（如鞋、靴消毒池、洗手消毒池等），并具备防蝇、防虫、防鼠等保证生产场所卫生条件的设施。

六、啤酒生产加工中的安全问题

啤酒是指以麦芽、水为主要原料，加啤酒花（包括酒花制品），经酵母发酵酿制而成的，含有二氧化碳的、起泡的、低酒精度的发酵酒。

生产过程中潜在的危害控制

（1）原料

1）潜在危害

①生物性危害。大麦霉变、生虫；

②化学性危害。大麦在种植过程中因“三废”带来的重金属和有机物污染，农药残留污染；

③物理性危害。大麦在种植、加工和运输过程中被沙石、金属、泥土、杂谷、草屑、糠灰、麦芒等杂质污染。

2）控制措施

①选择具备相应资质的合格供应商，并索取每批原料的检验合格证，定期抽检黄曲霉毒素 B_1、农药残留量、重金属含量等指标；

②通过除杂、清选工艺尽可能除去原料中的杂质。先用粗选机除去原料中的

糠灰、沙石、金属、泥土等杂质，然后用精选机除去杂谷、麦芒，最后用大麦分选机进行分级，筛除过小的麦粒。

(2) 麦芽制备

1) 潜在危害。大麦芽在直火烘干过程中产生二亚基亚硝胺。

2) 控制措施。制备大麦芽采用发芽、干燥两用箱，以热空气进行干燥，避免用直火烘干大麦芽。

(3) 麦芽汁制备（麦芽粉碎、糊化和糖化）

1) 潜在危害

①酒花霉变；

②生产用水污染，设备、管道和容器具清洗、消毒不彻底造成微生物残留污染；

③麦芽汁煮沸工艺条件不当，未能彻底杀灭其中的微生物；

④煮沸后的麦芽汁因冷却速度慢造成残留的细菌（芽孢）生长繁殖。

2) 控制措施

①酒花包装应严密，在干燥、避光、0～10℃的环境中妥善储存，防止受潮、发霉；

②生产用水必须符合国家生活饮用水卫生标准，并根据生产需要对水进一步净化处理；

③生产过程中所使用的所有设备、管道和容器具必须彻底清洗、消毒；

④严格控制麦芽汁煮沸过程的工艺参数，彻底杀灭其中的微生物；

⑤煮沸后的麦芽汁应急速冷却至适于发酵的温度。

(4) 发酵

1) 潜在危害。野生酵母、细菌、霉菌等杂菌污染。

2) 控制措施。

①酵母在培养、回收、洗涤时均应处于无菌状态，并定期严格检验；

②酵母培养室、发酵室应保持清洁，并定期消毒。设备、管道和容器具使用前应彻底清洗、消毒；

③严格控制发酵温度和发酵时间，低温发酵，不得随意缩短后发酵期；

④生产过程要对发酵液的双乙酰、清洗水、稀释水、滤后空气、酵母死亡率、清酒微生物指标等质量指标进行检测和监控。

(5) 过滤、灌装

1) 潜在危害。空气中和过滤设备、灌装设备、管道、容器上残留的微生物、洗消剂对产品的污染。

2）控制措施。

①保持灌装环境的卫生。上述工序宜在密闭环境和管道中连续进行，防止外源性物质的污染。生啤酒的生产中还应有全面的生产过程无菌控制；

②生产过程中要对清酒微生物、PU值、无菌间设备表面卫生、过滤膜完整性等指标进行检测和监控；

③所用的压缩空气，使用前必须经过过滤。过滤材质须定期更换或杀菌消毒，并定期对压缩空气进行检验和监控；

④过滤设备、灌装设备、管道、容器使用前应彻底清洗、消毒。使用回收酒瓶必须经过严格检查，严禁使用被有毒物质或异味污染过的回收旧瓶。

（6）杀菌（熟啤）

①潜在危害。杀菌工艺条件还达不到要求，未能彻底杀灭产品中残留的细菌；

②控制措施。严格控制巴氏消毒的温度和时间，在不影响产品风味的前提下，彻底杀灭其中残留的细菌。

七、直接饮用瓶（桶）装水生产加工中的安全问题

瓶装饮用水是指密封于塑料瓶、玻璃瓶或其他容器中不含任何添加剂可直接饮用的水。瓶装饮用水分为三大类，一是饮用纯净水，二是饮用天然矿泉水，三是其他饮用水。

瓶（桶）装直接饮用水生产工艺应在保证水源卫生安全的条件下开采和灌装。饮用天然矿泉水生产在不改变天然矿泉水的主要成分条件下，允许采用曝气、过滤和除去或加入二氧化碳等工艺。在符合上述要求的前提下，各生产企业可针对水源水的水质情况具体选择瓶（桶）装直接饮用水生产工艺。

1. 加工过程中的主要危害及其控制措施

瓶（桶）装直接饮用水的生产工艺绝大部分是冷生产工艺，常见的各种危害归纳起来，主要有微生物污染、化学物污染和藻类污染。影响产品安全的因素范围广，环节多，如瓶装饮用天然矿泉水卫生质量就涉及水源的地质、水文、卫生防护、限制开采量的问题，涉及开采引水工程的合理性、设厂选址、厂房设置、水处理、工艺输送管道、储水容器、灌装生产线包装容器、空气净化、生产人员健康检查、卫生知识培训以及质控机构、管理制度等一系列环节，任何一个环节出现差错都有可能带来产品卫生质量影响。

（1）水源及蓄水池

1）水源存在的危害因素。水源卫生防护措施不完善、输送管道渗漏容易造

成微生物污染、化学物污染及藻类污染。具体包括由于铁锰离子形成不溶性化合物产生的红色、黄色、褐色沉淀，水源带入细菌、藻类污染，以及各种无机物及放射性元素的污染。如果污染了藻类、放线菌孢子，由于藻类的孢子及放线菌孢子较小，按目前国内的三级过滤效果不理想，一经污染，很难去除。

2）蓄水池存在的危害因素。由于水池卫生防护措施不完善，如水池盖不严密、进气孔无过滤装置导致外界空气或雨水污染，蓄水时间过长或清洗消毒不彻底造成的污染。

3）控制措施。保护水源，监控开采情况；每年枯水期、平水期、丰水期定期进行水质分析；定期做好水井、水池清洗工作。

(2) 水处理设备

1）水处理设备存在的危害因素。水处理设备破损或未及时更换导致过滤失效甚至污染，滤芯氧化后掉落的碎屑或过滤精度不高、包装材料带入异物导致杂质沉淀，水消毒过程由于臭氧浓度与稳定性、水气混合的均匀性与作用时间的充分性达不到彻底消毒（无菌）的效果，臭氧消毒过程中包括次溴酸、次溴离子、臭氧镲菌可能产生无机性副产物及致癌性产物，由于铁、锰离子形成不溶性化合物（红色、黄色、褐色沉淀），高矿化度、重碳酸型矿泉水由于开采后温度和压力变化钙、镁离子形成不溶性化合物（白色沉淀）等原因都会造成危害。

2）控制措施。过滤装置所使用的过滤材料应定期清洗和更换，所使用的每批过滤材料使用前必须做完整性实验，检查是否有泄漏。锰砂过滤器应定期反洗和再生，必要时采用精度更高的滤材或超滤。

严格控制臭氧浓度，臭氧杀菌在水中的浓度应达 0.4 mg/L 以上，同时对臭氧杀菌效果进行验证，控制臭氧最大浓度。

通过曝气、过滤除去部分碳酸钙、碳酸镁。

(3) 管道设备与容器

1）管道设备与容器存在的危害因素。包括不符合卫生要求的水处理设备材料、蓄水池内壁材料、管道及灌装设备与容器的材料，以及清洗消毒过程的清洗和消毒剂等化学物残留的污染。

2）控制措施。接触灌装用矿泉水的设备、工器具和管道须有涉水产品许可批件证明。

加强设备管道的清洁管理，清洗、消毒方法必须安全、卫生，所采用的消毒药剂必须经监管部门批准。

(4) 灌装

1）灌装存在的危害因素。灌装间空气未经或净化效果达不到规定要求、作业人员不规范操作，以及操作人员患有有碍食品卫生疾病造成的二次污染；瓶子和盖子被污染后，没有有效清洗，或瓶、桶、盖等容器由于消毒剂有效浓度及作用时间不够，导致清洗消毒不彻底造成二次污染；由于水桶在使用过程或使用后受到空气中微藻类的污染并在阳光作用下繁殖，而回收处理过程清洗消毒不彻底而造成藻类污染。

2）控制措施。应注意设备的卫生、个人卫生和包装材料的卫生。

①灌装间空气洁净度应达 10 000 级，局部应达到 100 级，并对灌装间的净化效果进行监测；

②灌装与封盖设备应自动化；

③包装容器应彻底消毒，并用成品无菌水冲洗。使用回收桶是桶装饮用水生产厂普遍采用的方法，回收桶的清洗、消毒是目前企业面临的难点问题，也是控制污染的关键环节，但目前在规范中没有统一的操作手段。企业应在清洗、浸泡、热碱水冲洗回收桶等步骤后进行检验，经过反复调整总结出适合的有效控制手段；

④瓶盖的清洗与消毒也是产品卫生控制的关键。应设立独立的瓶盖消毒间，对瓶盖进行药剂消毒、清洗后经过传递窗或自动生产线输送进灌装车间。

2. 生产特殊要求

（1）厂区。水源水的水质是产品安全的根本保证，一旦水源水质达不到要求或受污染，将危害到所有的最终产品，因此对于水源水的保护尤为重要。

（2）厂房。

1）必须设置水处理车间、灌装车间、回收容器清洗消毒间、包装车间、原辅材料及包装材料仓库、成品仓库等生产场所。回收桶不得露天存放，以免受到污染。

2）按照标准要求，瓶装饮用水的生产工艺绝大部分是冷生产工艺，因此，在卫生规范中对清洗（瓶、盖）车间和灌装车间要求按照洁净厂房要求装修，设有空气净化装置、空气温度调节装置、空气消毒设施等。清洗车间的空气清洁度应达到 10 万级洁净厂房，灌装车间为 10 000 级。

3）水处理、容器清洗消毒和灌装车间的入口处须安装手的清洗消毒设施（应采用非手动式开关）及鞋（靴）消毒池（或其他消毒设施）；容器清洗消毒车间、灌装车间设置空气净化消毒设施，入口处应有风淋设施。

八、速冻食品生产加工中的安全问题

1. 速冻食品的概念和原理

速冻食品（quick-frozen foods 或 deep-frozen foods）又称急冻食品，是一种以低温快速冻结方式生产的食品。速冻食品通常经过前处理后，在低温下（−30～−40℃）快速冻结，使食品在 30 分钟内迅速通过 −1～−11℃的温度范围，食品冻结后的冰晶粒子小于 100 μm，食品的中心温度在 −18℃以下，并在冻结的状态下对食品进行储藏和运输。

2. 速冻食品的分类

根据加工方式速冻面米食品可分为生制品（即产品冻结前未经加热成熟的产品）、熟制品（即产品冻结前经加热成熟的产品，包括发酵类产品及非发酵类产品）。目前速冻食品的品种繁多，具有中国特色的产品有饺子、包子、馒头、粽子、春卷等传统点心，其他的还有肉片、肉丸、蔬菜等。

3. 速冻食品生产加工过程中的主要危害及其控制措施

（1）原料验收

1）潜在的危害因素。动物性原料的生物性危害主要来自养殖过程病原菌、病毒和寄生虫感染，而植物性原料的生物性危害则主要是一些霉菌污染。化学性危害主要来自农药、兽药残留，土壤、大气和水体中的污染物（例如重金属），以及原料自身的腐败变质。物理性危害则主要是一些杂质和异物，包括泥沙、植物枝叶、昆虫、动物毛发等。

2）控制措施。选择合格的供应商，对新的供应商进行原料安全性评价；验收原料的产地安全性证明（植物性原料）、检疫合格证明（动物性原料）、检验合格证明等，对原料进行感官检查和抽样检验（检验指标应包括重金属、农药残留、激素和抗生素残留、霉菌毒素等）；采取适宜条件进行仓储。

（2）挑选、清洗

1）潜在的危害因素。速冻食品加工用原料除少数品种新鲜加工外，一般都是保藏后再加工，原料在保存过程中可能会发生一些变化，可被存在于空气中及黏附在设备、容器、工具上的致病菌污染。

2）控制措施。严格剔除不合格原料，加强清洗、热烫等操作，消除原料中所带有的部分致病菌等微生物和物理性杂质；严格执行 SSOP（卫生标准操作程序），加强对清洗用水、环境卫生、设备、容器和工具的卫生管理。

（3）分切、破碎

1）潜在的危害因素。设备、容器、工具及生产环境不洁，操作人员不洁，人为操作不当可使物料受到致病菌污染；设备保养不当或恶化时可能发生刀片破损、螺钉脱落。

2）控制措施。严格执行SSOP，加强对操作人员卫生、环境卫生、设备、容器和工具的卫生管理；定期进行设备保养，及时更换老化设备。

（4）包制

1）潜在的危害因素。包制过程通常是手工操作，因此，操作人员的个人卫生、操作环境卫生，以及操作台食品接触面、工具、容器的卫生状况不佳都可能导致食品受到污染；半成品滞留时间过长可能导致污染程度加重。

2）控制措施。严格执行SSOP，加强对操作人员卫生、环境卫生、设备、容器和工具的卫生管理；尽量缩短包制好的半成品到下一道工序（熟制或速冻）的时间。

（5）熟制、冷却（熟制品）

1）潜在的危害因素。熟制温度或时间不足，导致产品未蒸熟蒸透，造成病原微生物残留；冷却时间过长过缓，导致其中残留的微生物繁殖。

2）控制措施。严格控制熟制的温度和时间，并尽快冷却。

（6）速冻

1）潜在的危害因素。速冻温度达不到要求，导致食品中心未完全冻结；速冻时间控制不好，导致冻结食品的冰晶粒子过大，影响产品品质和口感。

2）控制措施。严格按照既定的工艺参数要求，确保产品在低温下（－30～－40℃）快速冻结。冻结速度应保证在30 min内使温度通过最大冰晶生成带，且保证速冻过程不间断直至产品中心温度达到－18℃。

4. 生产特殊要求

（1）生产环境的特殊要求

1）原料及半成品不得直接落地，生、熟加工区应严格隔离，防止交叉污染；

2）用于速冻的熟制食品速冻前应在适合卫生加工要求的环境中尽快冷却，冷却后的食品应立即速冻；

3）生产车间的环境温度应≤25℃，其中内包装间的环境温度应≤20℃；

4）产品应在温度能受控的环境中进行包装，包装材料符合有关卫生标准；

5）成品储存要求有与生产能力相适应的冷库，冷库内温度应保持在－18℃或更低，温度波动要求控制在2℃以内。

（2）生产设备的特殊要求

1）除了包点成型所用的设备外，还需醒发设施（熟制发酵类产品适用，醒发间或醒发箱）、蒸煮设备（熟制品适用，蒸煮箱或蒸煮锅）、速冻装置（冻结速度应保证在 30 min 内使温度通过最大冰晶生成带，且保证速冻过程不间断直至产品中心温度达到－18℃）、金属检测器、自动或半自动包装设备等。

2）运输产品的运输工具厢体应符合有关卫生标准，厢内温度必须保持－18℃以下，运输过程中产品温度上升应保持在最低限度。厢体在装载前必须预冷到 10℃或更低的温度。并装有能在运输中记录产品温度的仪表。

3）生产企业应告知速冻食品销售单位产品应在冷冻条件下销售，低温陈列柜内产品的温度不得高于－12℃，产品的储存和陈列应与未包装的冷冻产品分开。

九、水产品生产加工中的安全问题

1. 水产品的基本概念

水产品是指除鸟类和哺乳动物以外适合人类食用的淡水或海水的有鳍类、甲壳类和其他水产生物及所有软体动物。按自身生物学特性，可分为植物性水产品、动物性水产品。植物性水产品主要是藻类产品，常见的价值较高的种类有裙带菜、海带和紫菜。动物性水产品包括各种鱼类、贝类、虾类、蟹类等。典型的加工工艺有腌制、干制和熏制。

2. 加工过程中的主要危害及其控制措施

（1）原料验收、前处理

1）潜在的危害因素。

①生物性危害。包括致病菌、病毒、寄生虫等。天然捕获的水产品自身带有的致病菌包括空肠弯曲菌、肉毒杆菌（A 型、B 型）、单增李斯特菌、霍乱弧菌、副溶血性弧菌、创伤弧菌等。来源于受污染水域或者养殖的水产品还可能带有沙门氏菌和志贺菌等。受不洁水体污染，水产品还可能带有甲型肝炎病毒、诺活克病毒等常见病毒。此外，已知鱼体和贝类中有 50 多种寄生虫能够引起人类疾病，主要是线虫、绦虫和吸虫；

②化学性危害。分为生物毒素、食品添加剂和环境污染物三类。生物毒素主要来源于有毒海藻代谢产生的有毒物质在鱼、贝类体内富集。常见的生物毒素有河豚鱼毒素、鱼肉毒素、贝类毒素和组胺。不当使用食品添加剂（包括防腐剂、保水剂、色素等）会对健康产生不利影响，更严重的是非法使用非食品添加剂加工水产品，例如使用甲醛浸泡和在水产品上喷洒敌敌畏等。环境污染物则主要是渔用肥料、环境调节剂、药物等，还包括工业和生活排污产生的有害化学物质；

③物理性危害。常见的为金属碎片、玻璃碎片、石子、木屑、鱼钩等。

2）控制措施。

①选择合格的供应商，对新的供应商进行原料安全性评价；

②向供应商索取相关证明文件，验证水产品原料来自合法、合格的捕捞海域或者养殖场；

③向供应商索取相应批次的检验报告，并抽样检验；

④原料应新鲜，冰冻原料要用符合国家饮用水标准的流水解冻；

⑤原料加工前应反复漂洗，洗净污物。

（2）调味

1）潜在的危害因素。

①不当使用食品添加剂可能导致化学性危害；

②不当的操作、不卫生的设备也可能导致致病性微生物污染。

2）控制措施。配方中所使用的添加剂应符合国家标准要求，精确控制食品添加剂及其他辅料的添加量，并有复核程序；调味、腌制车间的温度应控制在20℃以下，在保证产品口味的前提下尽量缩短腌制时间（1.5 h 内为宜）；严格执行 SSOP，加强对水、环境、设备、容器和工具的卫生管理。

（3）烘烤、加热、杀菌

1）潜在的危害因素。原料过度污染、半成品滞留时间过长、杀菌操作不当（加热时间和温度不足）都会造成杀菌强度不足而使致病菌残留。

2）控制措施

①加强质量控制，加快原料处理速度和前后工序的衔接；

②严格控制加热、杀菌的温度和时间。

（4）冷却、包装

1）潜在的危害因素。冷却、包装工艺条件一般为常温，且后续无高温灭菌工序，因此，该环节容易造成致病菌污染，包装材料也可能带来污染。

2）控制措施。

①即食水产品的冷却和内包装应在洁净车间进行；

②执行 SSOP，加强卫生操作，避免污染；

③选定合格的包装材料供应商；

④控制真空封口机的真空度、热封口温度和时间。

3. 生产特殊要求

水产品生产企业应具备原辅材料及包装材料库房、原辅材料处理车间、加工车间、包装车间、成品库房等生产场所。根据原料要求设置原料冷库及半成品冷库。盐渍海带、盐渍裙带菜生产企业的成品库房必须有制冷设备，且冷库容量应与生产能力相适应。

预冷库、速冻库、冷藏库和原料库的温度要符合工艺要求，并配有经校准的温度计或其他测温度装置。测温度装置应安装在能指示库房平均空气温度的地方。应定时记录库房温度。

未经包装的产品不得进入成品库，易串味的产品不得混放，库内堆放物品应离墙壁 30 cm 的空隙，离库顶有 50 cm 的空隙，离地面应有 10 cm 的空隙。

第三章　我国食品安全管理体系

第一节　我国食品安全的法律法规体系

食品安全问题关系到人民的生命安全与身体健康，关系到经济的发展与社会的稳定，世界各国都非常重视强化法律层面的监管，建立了相关的法律体系。我国1995年通过了《中华人民共和国食品卫生法》，确立卫生部门是食品卫生监管部门，以后又制定了《中华人民共和国产品质量法》《中华人民共和国消费者权益保护法》《中华人民共和国农业法》《中华人民共和国农产品质量安全法》《中华人民共和国标准化法》等一系列法律，均与食品安全有密切关系。特别是2009年2月28日第十一届全国人大常委会第七次会议通过的《中华人民共和国食品安全法》是涉及食品安全的一部基本法律，该法的实施，将对我国食品安全监管工作产生深远的影响。下面简要介绍一下我国与食品安全有关的主要法律和规章。

一、我国食品安全有关法律

1.《中华人民共和国食品安全法》

自2009年6月1日起正式实施的《中华人民共和国食品安全法》（以下简称《食品安全法》）共分为10章104条，分别为总则、食品安全风险监测和评估、食品安全标准、食品生产经营、食品检验、食品进出口、食品安全事故处置、监督管理、法律责任和附则。法律规定，食品生产经营者应当依照法律法规和食品安全标准从事生产经营活动，对社会和公众负责，保证食品安全，接受社会监督，承担社会责任。法律明确规定，国务院设立食品安全委员会，国务院卫生行政部门承担食品安全综合监督职责，组织查处食品安全重大事故等，国务院质量监督、工商行政管理和国家食品药品监督管理部门依照本法和国务院规定的职责，分别对食品生产、食品流通、餐饮服务活动实施监督管理。国家建立食品安全风险监测和评估制度，对食品生产经营实行许可制度，对食品添加剂生产实行许可制度，食品安全监督管理部门对食品不得实施免检。该法律规定，除食品安全标准外，不得制定其他强制性标准。国务院卫生行政管理部门应当对现行的食用农产品质量标准、食品卫生标准、食品质量标准和有关食品的行业标准中强制执行的标准予以整合，统一为食品安全国家标准。进口食品、食品添加剂以及食品相关产品应当符合我国食品安全国家标准。此外，《食品安全法》还对食品安全的事故处置、监督管理以及法律责任做了规定。

2.《中华人民共和国农产品质量安全法》

2006年11月1日起实施的《中华人民共和国农产品质量安全法》（以下简称《农产品质量安全法》）共8章56条。该法适用于未经加工、制作的初级农产品，是继《中华人民共和国农业法》之后的又一部综合性的农业法律。与《中华人民共和国畜牧法》《中华人民共和国动物防疫法》《中华人民共和国渔业法》等农业法律相衔接，进一步完善了我国现代农业的法律体系。《食品安全法》第二条规定，供食用的源于农业的初级产品的质量安全管理，遵守《农产品质量安全法》的规定。

《农产品质量安全法》明确规定县级以上人民政府相关部门按照职责分工负责农产品质量安全有关工作；要求国务院农业行政主管部门设立农产品质量安全风险评估专家委员会，对可能影响农产品质量安全的潜在危害进行风险分析和评估；授权国务院农业行政主管部门和省、自治区、直辖市人民政府农业行政主管部门发布农产品质量安全信息。《农产品质量安全法》还明确规定了不符合农产品质量安全标准和国家有关强制性技术规范的农产品不得上市销售的五种情形。同时，对农产品质量安全管理的公共财政投入、农产品质量安全科学研究与技术推广、农产品质量安全标准的强制性措施、农产品的标准化生产、农业投入品的监督抽查和合理使用也进行了规定。

3.《中华人民共和国产品质量法》

《中华人民共和国产品质量法》（以下简称《产品质量法》）适用于包括食品在内的经过加工、制作，用于销售的一切产品。它是我国加强产品质量监督管理，提高产品质量，保护消费者合法权益，维护社会经济秩序的主要法律。《产品质量法》明确了我国产品质量的监督管理机制，明确国务院产品质量监督部门主管全国产品质量监督管理工作。国务院有关部门和县级以上地方人民政府在各自的职责范围内负责产品质量监督工作。规定了产品质量国家监督抽查、产品质量认证等产品质量监管制度，规范了产品生产者、销售者、检验机构、认证机构的行为及相关法律责任。

4.《中华人民共和国标准化法》

《中华人民共和国标准化法》（以下简称《标准化法》）规定了对包括食品在内的工业产品应制定标准，并明确了标准制定、实施和相关职责及法律责任。

对需要在全国范围内统一的技术要求，应当制定国家标准，行业标准由国务院有关行政主管部门制定，并报国务院标准化行政主管部门备案，在公布国家标准之后，该项行业标准即行废止。企业生产的产品没有国家标准的，应当制定企业标准，作为组织生产的依据。企业的产品标准报当地政府标准化行政主管部门和有关行政主管部门备案。已有国家标准和行业标准的，国家鼓励企业制定高于国家标准或行业标准的企业标准，在企业内部适用。国家标准、行业标准分为强制性和推荐性。

5.《中华人民共和国消费者权益保护法》

《中华人民共和国消费者权益保护法》（以下简称《消费者权益保护法》）是1993年10月31日颁布的，其立法宗旨是为了保护消费者的合法权益，维护社会秩序，促进社会主义市场经济健康发展。该法律共8章55条，主要包括消费者的权利、经营者的义务、消费者合法权益的保护和法律责任四部分内容。消费者的权利是指国家法律规定赋予或确认的公民为生活消费所需而购买、使用商品或接受服务时享有的权利。经营者义务包括依法或约定履行义务的义务、接受监督的义务、保障安全的义务、保证质量的义务等。消费者合法权益的保护包括国家对消费者合法权益的保护和消费者组织对消费者合法权益的保护两方面。违反《消费者权益保护法》的法律责任有民事责任、行政责任和刑事责任三种。

6.《中华人民共和国进出口商品检验法》

该法于1989年2月21日第七届人大常委会第六次会议通过，1989年8月1日正式实施。其中规定了对进出口商品要进行检验，明确了对进出口食品要进行卫生检验，并制定了进出口商品检验的监督管理和法律责任。1992年10月7日国务院批准，10月23日原国家进出口商品检验局第5号令发布实施《中华人民共和国进出口商品检验法实施条例》，对进出口商品检验工作作出了具体的规定。

7.《中华人民共和国进出境动植物检疫法》

该法于1991年10月30日第七届人大常委会第二十二次会议通过，1991年10月30日正式实施。其中规定了对进出境的动植物、动植物产品和其他检疫物，以及装载动植物、动植物产品和其他检疫物的容器、包装物等要进行检疫。1996年12月2日国务院令第206号发布，1997年1月1日施行《中华人民共和国进出境动植物检疫法实施条例》。

二、我国食品安全的行政法规和部门规章

国务院发布的与食品安全有关的行政法规有《国务院关于进一步加强食品安全工作的决定》(国发［2004］23号)、《国务院关于加强食品等产品安全监督管理的特别规定》(国务院令第503号，2007年7月26日)、《中华人民共和国工业产品生产许可证管理条例》《中华人民共和国认证认可条例》《中华人民共和国进出口商品检验法实施条例》《中华人民共和国进出境动植物检疫法实施条例》《中华人民共和国兽药管理条例》(国务院令第404号，2004年4月9日)、《中华人民共和国农药管理条例》(国务院令第326号，1997年5月8日)、《中华人民共和国出口货物原产地规则》《中华人民共和国标准化法实施条例》《无照经营查处取缔办法》《饲料和饲料添加剂管理条例》《农业转基因生物安全管理条例》《生猪屠宰管理条例》等近40部。

另外，农业、质检、卫生、工商等国务院有关部门还制定了一批与食品安全有关的部门规章，如《无公害农产品管理办法》《食品生产加工企业质量安全监督管理实施细则(试行)》《中华人民共和国工业产品生产许可证管理条例实施办法》《食品卫生许可证管理办法》《食品添加剂卫生管理办法》《进出境肉类产品检验检疫管理办法》《进出境水产品检验检疫管理办法》《流通领域食品安全管理办法》《农产品产地安全管理办法》《农产品包装和标识管理办法》《食品标签标注规定》《新资源食品卫生管理办法》《转基因食品卫生管理办法》《出口食品生产企业卫生注册登记管理规定》等。

三、我国与食品生产相关的法律法规

我国已经颁布实施与食品生产相关的法律法规，除前面已经提到的《食品安全法》《农产品质量安全法》《产品质量法》《标准化法》《消费者权益保护法》等外，还有一批与食品生产密切相关的法律法规，以下分别作简单介绍。

1.《食品生产加工企业质量安全监督安全管理办法》

为从源头加强食品质量安全的监督管理，提高食品生产加工企业的质量管理和食品质量安全水平，国家质检总局于2003年7月18日发布实施《食品生产加工企业质量安全监督管理办法》(以下简称《办法》)。《办法》适用于中国境内从事以销售为目的的食品生产加工活动，规定了食品生产加工企业在环境条件、设备、加工工艺、原材料、标准、人员、检验能力、质量管理体系、包装材料、储存、运输等11个方面必须具备的条件，规定了对食品生产加工企业实施生产许

可，对食品质量安全实施强制检验和市场准入 QS 标志制度，明确了对食品生产加工企业监督管理、检验人员、审查人员的具体要求及相关法律责任。

2.《食品生产许可管理办法》

2010 年 3 月 10 日国家质检总局局务会议审议通过，2010 年 6 月 1 日实施。《食品生产许可管理办法》是根据《食品安全法》与其实施条例及产品质量、生产许可等法律法规的规定而制定，明确规定企业未取得食品生产许可，不得从事食品生产活动，国家质检总局在职责范围内负责全国食品生产许可工作。

3.《食品召回管理规定》

《食品召回管理规定》于 2007 年 7 月 24 日经国家质检总局局务会议审议通过，2007 年 8 月 27 日公布实施。在我国境内生产、销售的食品的召回及其监督管理活动，必须遵守此规定。国家质检总局在职权范围内统一组织、协调全国食品召回的监督管理工作。

4.《生猪屠宰管理条例》

《生猪屠宰管理条例》(以下简称《条例》) 于 1997 年 12 月 19 日国务院令第 238 号发布，2007 年 12 月 19 日国务院第 201 次常务会议修订通过，2008 年 8 月 1 日起实施。制定该《条例》目的是加强生猪屠宰管理，保证生猪产品质量安全，保障人民身体健康。《条例》规定国家实行生猪定点屠宰，集中检疫制度，未经定点，任何单位和个人不得从事生猪屠宰活动，但农村地区个人自宰自食除外，国务院商务主管部门负责全国生猪屠宰行业的管理工作。

此外，与食品生产安全相关的部门规章还有国家质检总局发布实施的《查处食品标签违法行为规定》《定量包装商品计量监督规定》《进出口食品标签审核管理办法》等一些与食品安全密切相关配套的法规、行政规章、卫生标准、检验规程等。我国地方政府也根据本地实际出台了大量地方性法规和行政规章。这一系列与食品安全相关的法律、法规、条例和规章，构成了我国食品安全的法律体系，为提高我国的食品安全水平奠定了重要的法律基础。

第二节　我国食品安全的行政监管体系

我国食品安全监管体制，有着一个历史发展过程。但总的来讲，是多部门共同监管的格局。由于法律体系的不完善，监管体制的不顺畅，我国食品安全监管一直存在着监管职能交叉、重叠、责权不清的弊病。卫生部门按《食品卫生法》监管执法，质检部门按《产品质量法》等法规监管执法，工商部门按《消费者权益保护法》执法，农业部门按《农业法》等法规执法，商务部门按生猪屠宰和酒类管理等的有关法规执法。因此，法律和体制上的问题一直困扰着我国食品安全监管工作，也是我国食品安全存在的核心问题之一。

2003年，国家成立了食品药品监督管理局，明确了其在食品安全监管方面的职责，即综合监督、组织协调，对重大食品安全事故组织查处。这是我国首次建立一个食品安全体系的综合监督机构，并且明确了我国以分段监管为主、品种监管为辅的食品安全监管体制。综合监管机构的成立，使我国食品安全的分散监管局面得到一定程度的改善。2009年3月通过，6月1日开始实施的《食品安全法》，进一步从法律上明确我国食品安全的监管体制，目前，我国食品安全监管机构情况是：

一、国家食品安全委员会

按照《食品安全法》的规定，设立国务院食品安全委员会，作为国务院食品安全工作高层次议事协调机构。其主要职责是：分析食品安全形势，研究部署、统筹指导食品安全工作；提出食品安全监管的重大政策措施；督促落实食品安全监管责任。国务院食品安全委员会主任由中共中央政治局常委、国务院副总理担任，副主任由另两位副总理担任，委员由国务院副秘书长、国家发改委、科技部、工信部、公安部、财政部、环保部、农业部、商务部、卫生部、国家工商总局、质检总局、粮食局、食品药品监管局等部、委、局领导担任，设立国务院食品安全委员会办公室，具体承担委员会的日常工作。

二、卫生部

根据食品安全法的规定，卫生部食品安全监管的职能是：承担食品安全的综合协调，负责食品安全风险评估、食品安全标准制定、食品安全信息公布、食品安全检验机构的资质认定条件和检验规范的制定，组织查处食品安全重大事故。

三、农业部

农业部负责食用农产品安全的监管，其在食品安全方面的主要职能有：拟定农业各产业技术标准并组织实施；组织实施农业各产业产品及绿色食品的质量监督、认证和农业植物新品种的保护工作；组织协调种子、农药、兽药等农业投入品的质量的监测、鉴定和执法监督管理；推动实施良好农业操作规范（GAP），保证农产品种养殖、生产和销售过程中的安全。

四、国家质量监督检验检疫总局

国家质量监督检验检疫总局（简称国家质检总局），国家质检总局主要对生产环节的食品安全实施监管，负责制定并实施《食品生产许可管理办法》，负责进出口食品的监管。根据国务院的授权，对认证认可和标准化进行行政管理。这两项与食品安全有关的工作分别由质检总局管理的国家认证认可监督管理委员会和国家标准化管理委员会承担。

五、国家工商行政管理总局

国家工商行政管理总局主要对流通环节的食品安全实施监管，对食品生产经营企业的主体进行审核，并决定是否发放经营许可证，同时，依法查处假冒伪劣食品和无证无照加工农副产品与食品的违法行为。

六、国家食品药品监督管理局

国家食品药品监督管理局作为卫生部管理的副部级机构，其在食品安全方面的职责主要是：负责餐饮业、食堂等消费环节食品安全的监管，具体包括餐饮企业的卫生许可、日常监管，保健食品生产的许可。

七、商务部

商务部侧重于食品流通管理，主要职责是通过积极开展“争创绿色市场”等活动，整顿和规范食品的流通秩序，给食品安全创造良好的市场环境。商务部还负责全国生猪屠宰行业的管理工作。

八、其他部门

国家发改委、环保局、粮食部门以及铁路、航空等部门均从本部门的职能参与到食品安全工作之中。

第三节　我国食品安全标准体系

一、我国食品标准的概况

经过半个多世纪的发展，中国已初步建立了包括国家标准、行业标准、地方标准和企业标准的食品标准框架体系，有力地促进了中国食品产业的发展和质量的提高。近年来，在国家标准化管理委员会的统一管理及卫生、农业、质检、食品药品等相关部门的共同参与下，食品标准化工作取得了较快的进展。目前，中国已初步形成了门类齐全、结构相对合理、具有一定配套性和完整性的食品质量安全标准体系。食品安全标准包括农产品产地环境、灌溉水质、农业投入品合理使用准则，动植物检疫规程，良好农业操作规范，食品农药、兽药、污染物、有害微生物等限量标准，食品添加剂及使用标准，食品包装材料卫生标准，特殊膳食食品标准，食品标签标志标准，食品安全生产过程管理和控制标准，以及食品检测方法标准等方面，涉及粮食、油料、水果、蔬菜及乳制品、肉禽蛋及制品、水产品、饮料、酒、调味品、婴幼儿食品等可食用农产品和加工食品，基本上涵盖了从食品生产、加工、流通到最终消费各个环节。据国家标准化管理委员会的统计，截止到2006年底，中国已有涉及食品安全的国家标准1 965项，其中强制性标准634项，推荐性标准1 331项，行业标准2 892项。

二、我国食品标准工作中存在的问题

1. 加工食品标准体系不够合理

食品标准体系的结构、层次不够合理，基础和管理标准、产品标准、方法标准不够协调，国家标准、行业标准的配套、互补性较差，重要标准短缺。

2. 强制性标准、推荐性标准定位不合理

国家标准与行业标准、强制性标准与推荐性标准定位不够合理。一些标准强制范围过宽，不符合 WTO/TBT、WTO、SPS 原则，不利于企业新产品开发和食品多样化发展。

3. 各类标准之间不够协调，重复“制标”现象比较严重

食品中同一成分的限量标准重复制定甚至矛盾，致使生产企业、监督检查机构无所适从；部分方法原理相同、分析步骤基本相同，仅是样品处理有区别的食品方法标准，少则几项，多则十几项等。

4. 采用国际标准比例偏低

与我国加工食品国家标准有对应关系的国际食品法典委员会标准，我国仅采用12%，国际标准化组织/食品技术委员会的标准仅采用40%，国际制酪业联合会的标准仅采用5%。

5. 标准的时效性较差

1995年和1995年以前发布，至今尚未复审、修订的加工食品国家标准占52%、行业标准占57%。甚至有些食品国家标准和行业标准已无存在的必要。

三、我国食品标准的近期发展目标及任务

近年来，国际贸易和国际标准化不断发展对全球食品和食品贸易产生着重要影响。我国食品标准近期应开展的工作是：

1. 建立健全一整套与国际食品标准体系接轨，能适应社会主义市场经济迅速发展，满足进出口贸易需要，科学、合理、完善的加工食品标准体系。

2. 力求使强制性标准与推荐性标准定位准确，国家标准与行业标准相互协调，基础标准、产品标准、方法标准和管理标准相互配套。

3. 加快已发布的加工食品国家标准和行业标准的重审工作，加快完成新的加工食品国家标准和行业标准的制定和修订工作。

4. 努力采用国际标准，逐年提高我国加工食品标准采用国际标准的比例。如采用国际标准化组织/食品技术委员会标准、国际食品法典委员会标准、国际酪业联合会标准。

5. 积极参与国际标准化活动，如参与国际标准指南和技术文件的制定工作，尽快引进国际标准和国外先进标准，包括基础和管理标准、产品标准、方法标准；积极力争承担有关国际标准化技术秘书处工作，加快以下标准的制定：

（1）有害物质限量标准及相应的先进方法标准；

（2）食品安全关键技术标准；

（3）食品添加剂和食品营养强化剂安全使用标准；

（4）婴幼儿食品标准；

（5）老年人食品标准；

（6）乳制品通则，先进的检验方法标准；

（7）制定防止欺骗、保护消费者利益的标准；

（8）制定市场或出口急需的加工食品产品标准；

（9）制定管理和基础标准——GHP（良好卫生规范）、GMP、HACCP 标准；

（10）借鉴国际食品法典委员会模式，优化加工厂食品产品标准结构；

（11）调整检验方法标准。

第四节　我国食品安全检验检测体系

一、我国食品安全检验检测体系的基本情况

我国食品安全检验检测机构分布在农业、质检、卫生、工商、食品药品、商务等多个政府部门。根据中国的食品安全状况“白皮书”提供的情况，我国已建立了一批具有一定资质的食品检验检测机构，初步形成了以国家级检验检测机构为龙头，省级和部门检验检测机构为主体，市、县级食品检验检测机构为补充的食品安全检验检测体系。检测能力和水平不断提高，基本能够满足对产地环境、生产投入品、生产加工、储藏、流通、消费全过程实施食品质量安全检测的需要以及国家标准、行业标准和相关国际标准对食品安全参数的检测要求。我国已认证了一批食品检验检测机构的资质，共有 3 913 家食品检测实验室通过了资质认定（计量认证），其中食品类国家产品质检中心 48 家，重点食品类实验室 35 家，这些实验室的检测能力和水平达到了国际较先进的水平。在进出口食品监管方面，形成了以 35 家国家级重点实验室为龙头的进出口食品安全技术支持体系，全国共有进出口食品检验检疫实验室 163 个，拥有各类大型精密仪器 10 000 多台（套），全国各进出口食品检验检疫实验室直接从事检验检测的专业技术人员 1 189 人，年龄结构、专业配置基本合理。各实验室可检测各类食品中农兽药残留、添加剂、重金属含量等 786 个安全卫生项目及各种食源性致病菌。至 2006 年，已建成国家级（部级）农产品检测中心 323 个，省地县级农产品检测机构 1 780 个，初步形成部、省、县相互配套、互为补充的农产品质量安全检验检测体系，为加强农产品质量安全监管提供了技术支撑。国家质检总局系统依法设置和授权建立了 3 000 多个食品质量检测机构，其中在黑龙江、安徽、河南、吉林、大连等省市建立了近 30 个食品类国家级质量监督检验中心；在全国 31 个省、市、自治区和 5 个计划单列市以及相关产业部门建有 173 个省部级食品检验技术机构。目前，全国（质检系统）食品检验设备上万台（套），检验人员逾 10 万。其中，70%以上人员有大学专科以上学历。特别是近年来，根据国际食品安全形势的发展，还专门建立了疯牛病检测实验室，转基因产品检测实验室等。全国疾病预防控制中心负责相关的食品安全工作，并形成了从中央到省、市、县的检验检测体系，全国共有 10 万左右卫生监督员，20 余万卫生检验人员。工商部门建起了食品安全快速检测系统，并与部分具有资质的食品检测机构建立了合作

关系。商务部门目前在全国大型农副产品批发市场和部分超市配备了食品安全检测设备和专职技术人员。

二、我国食品安全检验检测体系存在的问题

目前我国虽然已初步形成食品安全检验检测体系，但食品检验监测机构仍存在着许多突出问题，导致我国对食品安全的状况“家底不清”。

目前，我国食品中农药和兽药残留以及生物毒素等污染状况尚缺乏系统监测资料。更令人担心的是一些对健康危害大而贸易中又十分敏感的污染物，如二噁英及类似物（包括多氯联苯）、氯丙醇和某些真菌毒素的污染状况至今仍然不清楚。再如，疯牛病与人的克雅氏病的关系在欧洲已经确定，而我国每年都有克雅氏病发生，但情况尚不清楚。之所以出现这种现象，原因有以下几个方面。

1. 体系不健全，检验监测的环节、对象和地域范围有限

从检测体系的构成来看，我国主要是政府机构的强制性检验检测，而食品业者自身的检验监测意识不够，也缺乏相应的要求。从监管环节来看，发达国家通常都建立食品安全例行监测制度，对食品实施“从农田到餐桌”的全过程监管。而我国食品质量检验监测体系不健全，传统式、突击式和运动式抽查较多，监管监测工作不能全程化、日常化，导致有害食品生产销售依然普遍。目前监管的重点只放在最终产品监督上，对过程控制还不够重视。从监管对象看来，管理检查的大都是好企业，没有人愿意监管不合规范的企业，对分散的农户的食品的监管，更是无人问津。从地域分布来看，现有质检机构在各地分布不均衡。特别是中西部地区食品安全监测体系的建设滞后，面向广大市场准入急需的地（市）级和县级基层综合性食品检测机构力量非常薄弱。从检测对象来看，现有的检测机构数量与社会需求尚存在较大差距，特别是食品中农药、兽药残留等安全类检测机构的数量和检测能力均不能满足目前我国食品安全监管的需要。

2. 机构重复，浪费资源

由于检验机构分属不同部门，缺乏统一的发展规划，低水平重复建设情况比较普遍。各部门竞相购置了相同或相近的检测设备，造成设备利用率不高，严重浪费资源。农业、卫生、质检和工商四个部门各自执法。卫生部门查许可证、卫生标准、生产环境，农业部门管行业规范，工商部门管违规经营，质检部门管质量标准和生产许可。在实施食品卫生质量抽检方面，四部门检测机构都有权依据法律的规定，各自实施或者委托食品检测机构进行食品卫生质量安全的抽检；在信息公布方面，四部门都能对外公布食品卫生质量安全抽检的结果；在对违法行为的行政处罚方面，对同一违法行为，四家执法人员都能分别根据有关法规给予

行政处罚。虽然监管如此密集成本巨大，然而成效并不明显。

3. 部门分割，互不认账

我国食品安全检验检测机构数量众多，总体具有一定实力，但分布广泛，实力比较分散。一是区域分布广泛，我国省、市、县各级都设有食品安全检验检测机构；二是部门分布广泛，各级质量技术监督、检验检疫、农业、商贸、卫生防疫及疫病控制、工商、环保部门，以及科研院所、大专院校及企业都设有食品检验检测机构。但这些机构相互交流不多，工作不协调，检测数据不能共享，影响了检验检测体系整体作用的发挥。对于食品卫生和食品质量问题的检测结果，部门之间差距较大。例如，卫生部 2002 年公布的 2001 年对全国粮食、植物油、食品添加剂等 21 类定型包装和散装食品的检验结果，认为全国食品卫生检测平均合格率高达 88.6%。而根据质检总局 2002 年对全国米、面、油、酱油、醋五类食品的质量抽查和质量保障条件调查结果，发现 64%的出厂产品检验不合格或没有进行检验，25%的厂家没有相关标准或不执行标准。其中，酱油合格率仅略超过 31%，醋的合格率仅为 47%左右，植物油合格率为 79%，大米合格率为 85%。

4. 支撑保障不完善

主要表现在以下几个方面：

(1) 食品安全监测没有形成制度化。保证食品安全是政府的重要职能。发达国家通常都由政府出资，建立食品安全例行监测制度，对食品实施“从农田到餐桌”的全过程监控。而我国目前对食品安全监测的投入十分有限，市场准入性检测费用大都由食品生产者或经营者支付，既影响了政府监督职能的发挥，又增加了企业成本。

(2) 检测手段落后，缺乏速检方法和手段。我国食品检验检测仪器设备数量虽多，但多为小型和常规设备，自动化和精密程度较低。拥有原子吸收仪、气(液) 相色谱仪、气质联用仪等先进仪器设备的检验机构不多。质量检验机构受经费限制，设备维护和更新的投入不能得到完全保障，一些国家级质检中心还处于用 20 世纪 70—80 年代的仪器设备，检测 20 世纪 90 年代末产品的落后状况。检验设备落后已成为检验机构扩大规模、提高水平的瓶颈。由于缺乏速检方法和手段，不仅抑制了食品检验检测体系效率的提高，甚至造成不得不放弃严格检验的程序。

(3) 检验监测技术落后，缺乏对可操作技术的掌握。与国外同类机构相比，我国质检机构的检测能力亟待提高。国外的农业环境质检机构在大气、水、土壤和污染源等方面的可检测项目有 680 个左右，而我国同类质检机构能检项目约

140个，差距明显。我国现有的质检机构缺乏相应的技术储备和适应市场需求的应变能力，缺乏对可操作技术的掌握。迫切需要在加强引进和消化国外先进检测技术和方法的基础上，结合中国实际情况，研究制定适合不同层次检测的技术方法，并形成一定规模的技术储备，缩小与国外发达国家检测技术水平的差距。

（4）许多实验室的环境条件达不到检测标准规定的要求。主要表现在检测实验室的房屋陈旧，布局结构欠合理；实验室辅助设施落后，排污、通风、温度控制系统不健全；检测用房面积小，缺乏功能性用房、配套的样品室、样品检前处理室，检测没有专用电源或备用电源等。

（5）专业人员素质亟待提高。第一是检验人员学历水平不高，高学历人才和学术带头人匮乏，具有硕（博）士研究生学历的检验人员很少。第二是管理型、经营型人才缺乏，对国际、国内市场研究不够，对检验机构走向市场认识不足，直接影响了检验机构参与市场竞争的能力。第三是对业务骨干专业培训不够，导致技术更新和专业技能提高的速度缓慢，难以适应更高要求。第四是没有建立良好的用人激励机制，造成人才流失严重。第五是质检机构参与国外学术技术交流的机会较少，从而影响了检测工作的深入开展和与国际标准的对接。

三、建立统一、权威、高效食品安全监测体系

1. 加强现有检验检测机构的能力建设

根据我国加入世贸组织的承诺，2004年以后检验市场将逐步开放。我国检验检测机构面临挑战，需要一批高水平的质检技术机构携手合作，发挥龙头作用，提高同国外检测机构的竞争能力。同时，面对国际贸易中技术壁垒日趋严重的趋势和国外食品的冲击，迫切需要国家级食品技术机构，通过引进高科技人才，开展技术创新，加快研究和掌握前沿的技术、先进的检测方法和技术手段，为有效破除国外技术壁垒，促进我国食品顺利出口提供保障。要从以下几个方面进一步加强现有检验检测机构的能力建设。

（1）跟踪国际食品检验检测技术发展，加强食品科学技术和食品检验检测技术方法的研究。引进国际上先进的检验检疫技术，建立一批我国监督执法工作中迫切需要，并拥有部分自主知识产权的快速筛选方法；加强农药和兽药残留系统检测方法以及快速检测方法的研究；加强对食品添加剂、饲料添加剂及食品当中的环境持久性有毒污染物、生物毒素和违禁化学品监控技术的研究；开展食源性疾病和人畜共患病病原体（细菌、病毒、寄生虫）的监测与溯源技术设备的研究。

（2）建立检验检测信息管理网络，实现监督管理快速反应。利用信息技术，

构建我国食品安全检验检测数据资源共享平台，形成各部门有机配合和共享的检验检测网络体系，及时记录、监控我国食品安全状况，排除食品安全监管工作受地方和部门经济利益的影响，切实发挥检测体系的技术性支持功能，切实保护好消费者的合法权益。

（3）建立一支高素质的食品安全检验检测队伍。对现有监测机构的专业技术人员加强培训，对急需的专业人才采取公开招聘、择优录取的方法补充到检验检测队伍中来；对企业食品安全检验人员实行职业资格制度，集中培训、统一考试、持证上岗；通过培养、引进、交流等方式，形成门类齐全、结构合理的食品安全检验检测队伍。

2. 整合现有检验检测机构

一个高效的食品安全检验监测体系应该做到政府监测、中介组织监测和企业监测相结合。我国现有的检验监测体系以政府机构为主，今后工作应注意加强企业自检和中介组织监测，以行业监测为代表的中介组织监测既可以对食品企业进行监督，也可以对政府的检验监测机构进行监督并提供建议。

为建立高效权威的食品安全检验监测体系，必须对我国现有官方检验监测机构进行整合。在充分利用现有各部门及各地方已经建立的监测网络、发挥各自优势的基础上，通过条块结合的方式实现中央机构与地方机构之间、中央各部门机构之间、国内和进出口食品安全检验检疫机构之间的有效配合。

3. 加强企业食品安全的自我检验检测

食品生产、加工和流通企业应根据法律规定和相关标准规定，对其自身的原料采购、生产、加工、储存、运输和销售等各个环节所涉及的设备、人员、环境和有害物等进行自我检测，尽最大可能减少食品安全问题的出现。企业食品安全的自身检验可以从源头上保证食品的安全。整个食品产业链上各环节的经营单位进行自我检验检测，是确保我国食品安全的主要环节。政府机构及中介机构的检验检测是确保食品安全的重要保障手段。只有被动抽检而没有主动自检，食品安全隐患还会存在。

第五节 我国食品安全认证认可体系

一、我国食品安全认证认可体系概述

1. 认证、认可的基本含义

1）认证

认证是指由认证机构证明产品、服务、管理体系符合相关技术规范及其强制性要求或者标准的合格评定活动。

认证按认证对象可分为体系认证和产品认证。如 GMP、HACCP、QS 均属体系认证，绿色食品、有机食品等属产品认证。

认证按强制程度分为强制性认证和自愿性认证。强制性认证包括中国强制性产品认证（CCC）和官方认证。CCC 认证是中国国家强制要求的对在中国大陆市场销售的产品实行的一种认证制度。无论是国内生产还是国外进口，凡列入 CCC 目录内且在国内销售的产品均需要获得 CCC 认证。官方认证即市场准入性的行政许可，是国家行政机关对列入行政许可目录的项目所实施的许可管理。凡是需经官方认证的项目，必须获得行政许可方能生产、经营、仓储或销售。行政许可针对的是产品，但考核的是管理体系。QS（食品质量安全体系）就属官方认证。

自愿性认证是企业（组织）根据企业本身或其顾客、相关方面的要求自愿申请的认证。自愿性认证多是管理体系认证，也包括企业对未列入 CCC 认证目录的产品所申请的认证。目前我国与食品质量安全有关的自愿性管理体系认证包括：

①HACCP 认证。该项认证是根据国家认监委（CNCA）2002 年第 3 号文件《食品生产企业危害分析和关键控制点（HACCP）管理体系认证管理规定》开始实施的。相当于（CAC）国际食品法典委员会《危害分析和关键控制点（HACCP）体系及其应用准则》。

②食品安全管理体系认证，依据 GB/T 22000—2006，等同于 ISO 22000：2005。

③质量管理体系认证，依据 GB/T 19001—2008，等同于 ISO 9001：2008。

④环境管理体系认证，依据 GB/T 24001—2004，等同于 ISO 14001：2004。

⑤GAP 认证。良好农业规范的简称，主要是针对初级农产品的种植业和养殖业的一种操作规范，保证初级农产品生产者生产出安全健康的产品。

⑥GMP 认证。良好操作规范的简称，它规定了食品生产、加工、包装、储存、运输和销售的规范性卫生要求，其主要目标是保证食品生产企业生产出卫生、安全的食品。

⑦GHP 认证，良好卫生规范。

⑧GDP 认证，良好分销规范。

⑨GRP 认证，良好零售规范。

以上是食品产业链中，特别是食品生产环节中所涉及的各种认证，因在下面章节还要详述，本节不再展开。

2）认可

根据中华人民共和国认证认可条例第二条的规定：认可是指由认可机构对认证机构、检查机构、实验室以及从事评审、审核等认证活动的人员的能力和执业资格，予以承认的合格评定活动，是对从业者和从业单位专业性的肯定，是对合格评定机构满足所规定要求的一种证实，这种证实大大增强了政府、监管者、公众、用户和消费者对合格评定机构的信任，以及对合格评定机构所评定的产品、过程、体系、人员的信任。这种证实在市场，特别是国际贸易以及政府监管中起到很重要的作用。一般情况下，按照认可对象分类，认可分为：认证机构认可、实验认可、检查机构认可及相关机构认可等。

2. 无公害农产品、绿色食品、有机食品认证

我国食品产品认证多属自愿性认证，其中由国务院有关部门推动的认证主要有无公害农产品认证、绿色食品认证和有机食品认证。这三种食品认证方式的渊源和发展历程各不相同，适用标准和认证规范程度也有很大差别。下面对这三种常见食品产品认证作一个简单的介绍。

1）无公害农产品认证

无公害农产品认证是根据国家认监委授权的认可机构认可的认证机构依据认证认可规则和程序，按照无公害农产品安全标准，对未经加工或初加工的食用农产品产地环境、农业投入品、生产过程和产品质量等环节进行审查验证，向经审查合格的农产品颁发无公害农产品认证证书，并允许使用全国统一的无公害农产品标志。

无公害农产品认证包括产地认定和产品认证，产地认定由省级农业行政主管部门组织实施，产品认证由农业部农产品安全中心组织实施，获得无公害农产品产地认定证书的产品方可申请产品认证。

为规范无公害农产品认证，全面实施“无公害食品行动计划”，国家质检总局和农业部于 2002 年 4 月下发了《无公害农产品管理办法》，规定无公害农产品认证采取“政府推动，并实行产地认定和产品认证的工作模式”，不得收取认证费用。作为一种政府推动的以提高我国基本农产品安全为目的的认证方式，将在一定时期内存在。

2）绿色食品认证

绿色食品标准分为两个技术等级，即AA级绿色食品标准和A级绿色食品标准。其中A级绿色食品生产中允许限量使用化学合成生产资料，AA级绿色食品则较为严格地要求在生产过程中不使用化学合成的肥料、农药、兽药、饲料添加剂、食品添加剂和其他有害于环境和健康的物质。从本质上讲，绿色食品是从普通食品向有机食品发展的一种过渡性产品。绿色食品标准以全程质量控制为核心，由产地环境质量标准、生产技术标准、产品质量标准、包装标签标准4个部分组成，共有11项通用性标准，若干项产品标准和生产技术规程构成绿色食品标准体系。

农业部1990年成立了中国绿色食品发展中心，在全国倡导、推动发展绿色食品，具体负责绿色食品认证工作。目前绿色食品发展中心在各省、自治区、直辖市及部分计划单列市建立了委托工作机构、定点环境监测机构和定点产品质检机构，全国统一的绿色食品认证、检测体系已基本形成。

3）有机食品认证

有机食品指符合国家食品卫生标准和有机食品技术规范的要求，在原材料生产和产品加工过程中不使用农药、化肥、生长激素、化学添加剂、化学色素和防腐剂等化学物质，不使用基因工程技术，并通过有机认证使用有机食品标志的农产品及其加工产品，具体包括粮食、蔬菜、奶制品、禽畜产品、蜂蜜、水产品、调料等。生产有机食品比生产其他食品难度要大，需要建立全新的生产体系和监控体系，采用相应的病虫防治、地力保持、种子培育、产品加工和储存等替代技术。

有机食品认证是国际通行的认证方式。我国有机食品的认证工作从1994年开始，目前，CQC（中国质量认证中心）、万泰、OFDC（国环有机认证中心）等认证机构已获得最大的有机农业国际性组织——IFOAM（国际有机农业运动联盟）的认可或成为其成员。

3. HACCP认证

HACCP作为控制食品安全的一种重要手段，在世界范围内得到了广泛的应用。2002年国家认监委下发了《食品生产企业危害分析和关键控制点（HACCP）管理体系认证的规定》，并且明确了管理机构验证和第三方认证的区别，为规范HACCP认证奠定了良好的基础。

此外，在我国还有食用农产品安全认证、安全食品认证、安全饮品认证及GAP（良好农业规范）、GMP、GSP（良好供应规范）、SSOP等体系认证。

二、食品安全认证认可在食品安全控制体系中的作用

1. 切实提高食品安全水平

无公害农产品、绿色食品、有机食品、HACCP等认证除注重对种植、养殖、加工、运输、储藏、销售环节的过程管理外，都对食品安全化学因素包括农药、兽药残留、有毒物质含量指标进行了规定并进行检测。如HACCP体系可对微生物污染进行有效控制，因此通过推广实施，可切实保护消费者健康安全。

2. 食品卫生控制体系的重要组成部分

食品安全控制在于明确体系中的风险。对风险进行有效管理，及时采取纠偏措施。如HACCP是一种简便、合理、科学、先进且专业性很强的预防性食品安全控制体系，设计这种体系是为了保证食品生产过程中可能出现危害的环节能得到控制，以防止发生危害公众健康的问题。通过建立HACCP体系，可使企业对影响安全的关键点进行有效管理，建立GMP和SSOP体系能最大限度地控制和减少生产过程中的风险。

3. 促进企业自觉提高食品安全控制能力

由于通过认证的产品能得到消费者认同，可给企业带来丰厚的利润回报，所以吸引企业积极通过认证，可以促使企业自觉完善食品安全控制体系，提高食品安全水平。

4. 带动食品标准的提高和完善

认证依赖于标准，认证的发展又能促进标准的提高。随着认证产品的普及，必然会带来认证产品的地区间流动和相互认可的问题，这就要求采用标准的统一或等同。采用标准较低的地区或国家会处于某种劣势，就必须采取措施提高标准或采用国际一致的标准，而标准的提高又能使产品质量得到普遍提高。

5. 提高政府监督管理效率

我国食品加工企业有上10万个，农副产品加工企业有15 000多个，饮料生产企业有7 000多个（卫生部公布食品生产企业有432万家），为这些企业提供原料生产企业就更多。如此众多的企业、生产者如果仅依靠政府的力量进行监督、检查、检测，实现“从农田到餐桌”全过程管理，显然是不现实的。利用认证手段，直接采用由处于第三方地位的认证机构作出的认证结果，则可以既保证客观、公正，又能提高政府监管效率。

三、食品安全认证认可中存在的问题及完善该体系的措施

1. 我国食品认证认可中存在的问题

我国认证认可体系发展的时间还不长，在认证认可体系的完整性和协调性、认证认可技术和能力、认证认可的普及程度以及与国际接轨方面还存在较大的差距。具体而言，主要表现在以下几个方面。

(1) 体系严重残缺。国外的认证认可体系是比较完整的。除了认证认可机构以外，还有认证认可咨询机构和培训机构，它们是认证认可机构高效运转的基础，也利于保持认证认可机构的权威性。目前，我国只有认证认可机构，没有认证认可咨询机构和培训机构，缺乏对申请认证认可的食品企业和农户在标准化生产、科学化管理、规范化申报方面的培训和指导。由于缺乏这方面的支持，很多有需要认证认可的企业和农户无法获得认证。

(2) 各部门各地方各自为政。很多认证认可机构前身是各行业部门的下属组织，认证认可过程中不能充分体现第三方认证认可机构的客观公正性，同时带有明显的行政色彩。由于食品安全是消费者日益重视的问题，很多机构随意炒作“安全”“绿色”“无公害”等概念，并形成了名目繁多的认证认可形式。这样的认证认可机构往往坐地称雄，既不承认其他认证认可机构的结果，自己的结果也不能为他人所接受，与建立统一、开放、竞争、有序的大市场的要求背道而驰。

(3) 缺乏认证认可专业技术和人才，认证认可结果缺乏权威性。有的认证认可机构在人员、资质方面不能满足认证要求，认证认可水平较差，认证认可结果缺乏科学基础，自然也就没有权威性。目前国家认证认可人员注册类别中缺少农业类检查员（审核员）、咨询师和培训师系列，农产品认证认可专业化队伍难以建立。

(4) 食用农产品认证知识普及程度差。目前我国公众对认证概念很模糊，认证产品不能得到广泛认同，同时认证中存在的虚假认证和消费者没有对认证产品建立起足够信心。这样，认证市场不能得到充分发育，认证产品所占份额极低并且与非认证产品价格差距不大，不能为申请认证企业带来经济效益。

(5) 我国农产品及食品认证与国际接轨程度相当低。受认证技术和水平的制约，在国内认证的结果不能得到国际认可，企业为使产品出口有更合理的价格，只能请国外认证机构进行认证。

2. 完善认证体系的措施

为了提高我国的食品安全水平，未来应该加强认证认可体系建设。主要措施包括以下几点：

（1）建立统一的认证认可体系。以与国际接轨为目标，结合国情建立国家食品标准，建立统一、规范的食品认证认可体系。对食品认证培训机构、食品认证人员实施注册、备案制度。实行统一的食品认证认可机构、认证认可咨询机构和认证认可培训机构的国家制度。

为加强全过程的安全控制，在食品原料生产、加工、运输、销售企业中大力推广 HACCP 体系和 GAP、GMP、GSP 等体系认证。

（2）进一步加强对认证机构的监督管理。要制定有利于社会监督和促进有序竞争的食品认证标志（标识）管理办法，适时对直接食用的食品实行强制性产品认证制度和出口验证制度。要制定有关在目标部门采用各认证体系的法则，以及开发协调一致的各认证体系管理方法等。

（3）积极推进认证认可机构社会化改革，规范认证行为，提高认证的有效性，杜绝虚假认证。充分采用认证结果，提高政府监管有效性。按照国际惯例，建立我国食品认证补贴制度。

（4）为开展认证认可工作的部门和企业提供服务。应建立和完善相关的服务部门对有关在目标部门强制采用认证认可体系的法规制定提供咨询意见，在各种企业推进认证认可体系的实施战略，为各认证认可体系管理方法的制定提供技术咨询，制定培训战略，开发国家认证认可体系标准，制定评价指南，为管理者开发在检查中应用的技术指南，为各认证认可体系在各种企业中的实施制定时间表。

（5）要积极宣传和普及食品认证认可知识。要使消费者认识认证认可在安全卫生方面的优势，具体形式有行业研讨班、制定培训要求、建立“通信网”、开发与消费者共享的信息以及制订媒体宣传计划等。

（6）加强国际合作和国际互认。因为 WTO 对食品的国际贸易还存在多项漏洞，许多国家往往以食品安全等绿色壁垒来阻碍食品进口。我国应该与不同国家签订有关食品卫生措施的双边国际协定，开展等效食品卫生措施的承认，这对扫除食品安全壁垒的障碍非常重要。同时，为了符合在 SPS 协议中达成的应尽义务，我国必须保证全部有关 SPS 标准的法律中包含的对等效性的认同。国家除了积极参与 WTO 的各项谈判之外，还应该与潜在的食品进口国签订双方与多边贸易协议。通过双边互换协议，可以减少不必要的贸易阻力，扩大食品出口。

第六节　我国食品安全风险评估体系

一、食品安全风险评估的基本概念

食品安全风险评估，是指对食品、食品添加剂中生物性、化学性和物理性危害对人体健康可能造成的不良影响所进行的科学评估，包括危害识别、危害特征描述、暴露评估、风险特征描述四部分内容，如图 3—1 所示。通过食品安全风险评估，从众多监测信息甄别风险信息，逐步建立起我国食品安全的评估体系，对食品安全工作具有重大意义。

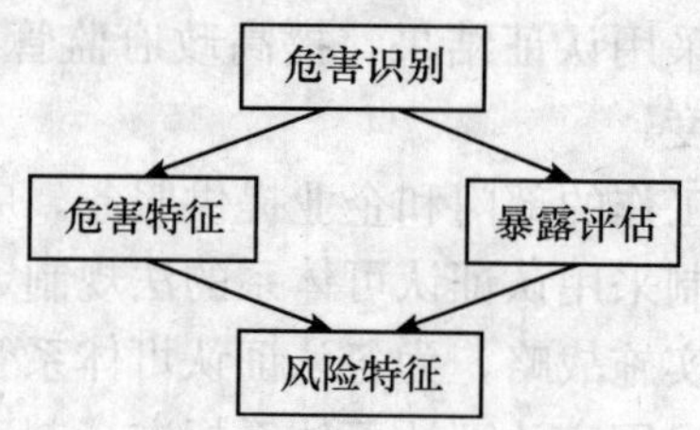

图 3—1　食品安全风险评估的内容

二、食品安全风险评估的原则

国家食品安全风险评估专家委员会和承担风险评估任务的机构应以监测信息和科学数据以及其他有关信息为基础，遵循科学、透明和个案处理的原则，独立开展风险评估，保证风险评估结果的科学、客观和公正。

三、食品安全风险评估任务下达和方案制订

1. 风险评估部门

目前，我国食品安全风险评估工作由国务院卫生行政部门负责。主要工作包括组建国家食品安全风险评估专家委员会，下达风险评估任务，并根据食品安全风险评估结果，及时依法采取相应的监测、检测、通报和监督措施。国家食品安全风险评估专家委员会进行风险评估，可以委托有关技术机构具体承担相关科学数据、技术信息、检验结果的收集、处理、分析等任务。国务院有关部门向国务院卫生行政部门提出的食品安全风险评估的建议，应按照有关法律法规和本规定

的要求提供有关信息和资料。

2. 评估范围

以下情形经国务院卫生行政部门审核同意后下达食品安全风险评估任务。

（1）为制定或修订食品安全国家标准提供科学依据；

（2）通过食品安全风险监测或者接到举报发现食品可能存在安全隐患，在组织进行检验后认为需要进行食品安全风险评估的；

（3）国务院农业行政、质量监督、工商行政管理和国家食品药品监督管理等有关部门提出食品安全风险评估的建议并提供有关信息和资料的；

（4）国务院卫生行政部门根据法律法规的规定认为需要进行风险评估的其他情形。

3. 评估建议

国务院农业行政、质量监督、工商行政管理、食品药品监督管理部门根据以下方面的需要，可以向国务院卫生行政部门提出风险评估的建议，并同时提供《风险评估项目建议书》、食品安全风险监测信息、科学数据以及其他相关信息和资料。

（1）发现某一食品、食品原料、食品添加剂、食品相关产品可能存在安全性隐患的；

（2）因科学技术发展，需要对某一食品或食品危害因素进行重新评估的；

（3）为确定食品安全监督管理的重点领域、重点品种的需要的。

4. 不予评估的情形

对于下列情形之一的，经国家食品安全风险评估委员会提出意见，国务院卫生行政部门可以作出不予评估的决定。

（1）食品生产经营过程存在违法行为，通过依法采取控制措施可以解决的；

（2）对于食品安全风险较低或者可以通过简单的风险管理措施解决的而缺乏评估必要性的；

（3）国际已有风险评估结论且适于我国膳食危害暴露模式的。

上述情形在发现有新的科学数据和有关信息证明仍有必要开展风险评估的，国务院卫生行政部门应重新作出风险评估的决定。

5. 任务下达

（1）国务院卫生行政部门以《风险评估任务书》的形式向国家食品安全风险评估专家委员会下达风险评估任务。《风险评估任务书》应包括风险评估的目的、需要解决的问题和结果产出形式等内容。

（2）国务院卫生行政部门下达食品安全风险评估任务时，应向提出风险评估建议的部门收集以下信息：

1）危害的性质、涉及的食品种类、食品数量和分布范围；

2）危害进入食品的途径和含量；

3）危害可能引起的健康危害；

4）危害涉及的人群和数量；

5）国内外现有的监督管理措施；

6）其他与风险评估相关的信息。

6. **制订评估方案**

国家食品安全风险评估专家委员会应根据评估任务提出风险评估实施方案，报国务院卫生行政部门备案。对于需要进一步补充信息的，可向国务院卫生行政部门提出数据和信息采集方案的建议。

7. **与食用农产品风险评估关系**

根据《食品安全法》的规定，国务院农业行政部门应当及时将已有的食用农产品质量安全风险评估的结果等相关资料，向国务院卫生行政部门通报。

四、食品安全风险评估的实施

国家食品安全风险评估专家委员会按照评估方案，遵循危害识别、危害特征描述、暴露评估和风险特征描述的结构化程序开展风险评估。

1. **工作报告**

风险评估过程中，受委托承担风险评估具体任务的风险评估机构应根据国家食品安全风险评估专家委员会、国务院卫生行政部门的需要，及时提交工作进展情况的报告。对于风险评估过程中需要进一步补充数据才能进行的，国家食品安全风险评估专家委员会应向国务院卫生行政部门做出报告和工作建议。

2. **评估结果**

风险评估机构应当在国家食品安全风险评估专家委员会要求的时限内提交风险评估结果，经国家食品安全风险评估专家委员会审议通过后上报国务院卫生行政部门。国家食品安全风险评估专家委员会和有关风险评估机构应对风险评估结果和报告负责。国务院卫生行政部门应当依法向社会公布食品安全风险评估结果。风险评估结果由国家食品安全风险评估专家委员会负责解释。

3. **信息发布**

食品安全风险评估信息和风险警示信息由国务院卫生行政部门统一发布；其影响限于特定区域的，也可以由有关省（自治区、直辖市）人民政府卫生行政部门公布。

4. 应急评估

发生下列情形，国务院卫生行政部门可以要求国家食品安全风险评估专家委员会立即研究分析，对需要开展风险评估的事项，国家食品安全风险评估专家委员会应当立即成立临时工作组，制订应急评估方案，并按照应急评估程序和应急评估方案进行风险评估，及时向国务院卫生行政部门提出风险评估结果报告。

（1）处理重大食品安全事故需要的；

（2）公众高度关注的食品安全问题需要尽快解答的；

（3）国务院有关部门监督管理工作需要并提出应急评估建议的；

（4）处理与食品安全相关的国际贸易争端需要的；

（5）其他需要通过风险评估解决的食品安全事件。

5. 预警管理

国家食品安全风险评估专家委员会根据食品安全风险评估结果和食品安全监督管理信息，对食品安全状况进行综合分析，对表明可能具有较高程度安全风险的食品，向国务院卫生行政部门及时提出食品安全风险警示的建议。国务院卫生行政部门应当会同国务院质量监督、工商行政、食品药品监管部门共同研究分析食品安全风险警示建议，并决定是否予以公布。

案例 1

“啤酒甲醛”事件

2007 年 7 月 5 日，有媒体报道称：甲醛已经被国际癌症研究机构确定为可疑致癌物质，但仍有众多中小啤酒企业依然在产品中普遍使用甲醛。一时间，“95%的啤酒加甲醛”的说法开始广泛传播。青岛、华润、燕京啤酒业三巨头对“95%的啤酒加甲醛”说法纷纷发表自己的观点，表示生产过程中的甲醛和在生产过程中添加甲醛是两回事，并且在生产中添加甲醛的做法早已经停用。7 月 15 日，针对有媒体报道中国国产啤酒进行召回和调查的情况，国家质量监督检验检疫总局公布了对国内 157 种啤酒的甲醛含量的检查结果并宣布：中国国产啤酒甲醛含量符合国家强制性标准和世界卫生组织有关规定，是安全的，广大消费者可以放心饮用。7 月 16 日，中国食品工业协会、国家质检总局、国家食品质量监督检验中心、国家工商总局、卫生部、国家食品药品监督管理局、国务院国资委七大部门联合召开“关于啤酒甲醛问题情况说明会”，会议重申，用甲醛作啤酒加工助剂提高啤酒的非生物稳定性，没有造成成品啤酒中的甲醛残留量超标，不构成啤酒的质量卫生安全。会议还指出，近年来，个别生产混合澄清剂（可以取代甲醛的啤酒加工助剂）的公司，为了达到让政府强制取消啤酒甲醛酿造工艺，从而扩大其产品销售目的，不断以不同方式制造影响，给啤酒行业和社会造成混乱。

解析

食品安全信息主要包括食品安全总体情况、标准、监测、监督、检查（含抽检）、风险评估、风险警示、事故及其处理信息和其他食品安全相关信息。食品安全与公众的日常生活紧密相连，食品安全信息公布也格外受到关注。食品安全信息公布机制不规范、不统一，就可能导致公布的食品安全信息不科学、不准确，给消费者造成不必要的恐慌。在食品安全问题上，普通公众与食品生产经营者、食品安全监督管理部门之间存在严重信息不对称，公众是食品的主要消费者，也是食品安全信息的被动接受者，基本没有条件和能力鉴别市场上流通的食品的安全性和可靠性。消费者决定是否选购某一食品，一是听从商家的宣传，二是根据消费者自己的消费偏好，三是听从政府部门发布的食品安全信息，其中，政府部门发布的食品安全信息具有很强的导向性作用。因此，政府部门公布食品安全信息责任重大。

国家建立食品安全信息统一公布制度。根据食品安全信息的内容、重要性、影响范围的不同，我国建立了三级食品安全信息公布机制。(1) 国务院卫生行政部门，统一公布国家食品安全总体情况，食品安全风险评估信息和食品安全风险警示信息，重大食品安全事故及其处理信息，其他重要的食品安全信息和国务院确定的需要统一公布的信息。这些信息与公众日常生活以及食品生产经营关系紧密，且影响范围广，涉及面大，为保证食品安全信息公布的规范性、严肃性和权威性，必须要由卫生部统一公布。(2) 省、自治区、直辖市人民政府卫生行政部门，负责统一公布其影响限于特定区域的食品安全风险评估信息和食品安全风险警示信息，以及重大食品安全事故及其处理信息。这部分信息由于具有区域性、有限性的特点，可以由有管辖权的政府部门统一公布。(3) 县级以上农业行政、质量监督、工商行政管理、食品药品监督管理部门依照各自职责公布食品安全日常监督管理信息。《食品安全法实施条例》（以下简称《实施条例》）第 51 条规定:“食品安全法第 82 条第 2 款规定的食品安全日常监督管理信息包括:(一) 依照食品安全法实施行政许可的情况；(二) 责令停止生产经营的食品、食品添加剂、食品相关产品的名录；(三) 查处食品生产经营违法行为的情况；

（四）专项检查整治工作情况；（五）法律、行政法规规定的其他食品安全日常监督管理信息。前款规定的信息涉及两个以上食品安全监督管理部门职责的，由相关部门联合公布。”

食品安全信息公布应该遵循科学、规范的原则。《食品安全法》第 82 条第 3 款规定：“食品安全监督管理部门公布信息，应当做到准确、及时、客观。”了解和掌握食品安全信息是做好食品安全信息公布的首要条件，这就必须做到“快、准、全”，不仅了解食品安全信息要及时，而且要求对食品安全信息的掌握要准确，对公布的食品安全信息内容要全面，包括对食品安全信息加以解释、说明，如对信息来源、依据、食品可能产生的危害等的说明。农业行政、质量监督、工商行政管理、食品药品监督管理部门公布日常信息时，还应当将不符合食品安全标准的食品名称、产品批号、销售范围等具体信息一并公布。《实施条例》第 52 条规定：“食品安全监督管理部门依照食品安全法第 82 条规定公布信息，应当同时对有关食品可能产生的危害进行解释、说明。”第 53 条规定：“卫生行政、农业行政、质量监督、工商行政管理、食品药品监督管理等部门应当公布本单位的电子邮件地址或者电话，接受咨询、投诉、举报；对接到的咨询、投诉、举报，应当依照食品安全法第 80 条的规定进行答复、核实、处理，并对咨询、投诉、举报和答复、核实、处理的情况予以记录、保存。”该条例第 61 条同时规定：“县级以上地方人民政府不履行食品安全监督管理法定职责，本行政区域出现重大食品安全事故、造成严重社会影响的，依法对直接负责的主管人员和其他直接责任人员给予记大过、降级、撤职或者开除的处分。县级以上卫生行政、农业行政、质量监督、工商行政管理、食品药品监督管理部门或者其他有关行政部门不履行食品安全监督管理法定职责、日常监督检查不到位或者滥用职权、玩忽职守、徇私舞弊的，依法对直接负责的主管人员和其他直接责任人给予记大过或者降级的处分；造成严重后果的，给予撤职或者开除的处分；其主要负责人应当引咎辞职。”

国家食品卫生监管部门对“啤酒甲醛事件”的处理符合食品安全信息公布的准确、及时、客观的原则。在本案中，甲醛属于有害物质已经得到社会的普遍认同，企业在啤酒生产中使用甲醛，难免让消费者对国内啤酒产品的安全性产生质疑。媒体有关“95%的啤酒加甲醛”的报道，更是增加了公众的恐慌。虽然青岛、华润、燕京三大啤酒业巨头站出来说话，声明自己的产品是安全的，但由于均属于事件的当事人，他们的言论难以打消公众的疑虑。调查事件真相，还国内啤酒业一个清白，成了国家食品卫生监管部门责无旁贷的责任。国家质量监督检验检疫总局在 7 月 15 日宣布，中国国产啤酒甲醛含量符合国家强制性标准和世界卫生组织有关规定，是安全的，广大消费者可以放心饮用，给消费者吃了一颗定心丸。7月16日，中国食品工业协会、国家质检总局、国家食品质量监督检验中心、国家工商总局、卫生部、国家食品药品监督管理局、国务院国资委七大部门联合召开“关于啤酒甲醛问题情况说明会”，公布了三个问题：一是认定“生产过程中的甲醛”和“在生产过程中添加甲醛”是两个不同概念。用甲醛作啤酒加工助剂提高啤酒的非生物稳定性，没有造成成品啤酒中的甲醛残留量超标，不构成啤酒的卫生安全。二是肯定中国的啤酒属于安全产品，啤酒中的甲醛含量符合国家强制性标准和世界卫生组织有关规定。三是公布“啤酒甲醛事件”的真相，是个别生产混合澄清剂的公司，为了达到让政府强制取消啤酒甲醛酿造工艺，从而扩大其产品销售的目的，人为制造的虚假信息。在整个事件中，国家食品卫生监管部门及时、果断采取措施，在短时间内还事件一个真相，维护了公众权益，保证了社会的稳定。

案例2

“王老吉凉茶”添加物涉嫌违规事件

“怕上火，喝王老吉”，这句广告语已是家喻户晓，也一直是王老吉产品成本的营销定位。然而，为其“下火”立下汗马功劳的中药成分夏枯草近年来却麻烦不断。2009年4月，杭州人叶征潮在博客上公布了一份针对王老吉的起诉书。叶称，自己由于长期熬夜加班，看到“怕上火，喝王老吉”的广告后经常喝王老吉。后来因胃痛前往医院检查，被诊断为胃溃疡。据叶称，医生分析认为，患上胃溃疡与其经常喝“王老吉”这种饮料有一定关系。事实上，早在2005年3月份，红罐王老吉已经因配方中含有夏枯草而被职业打假人刘殿林以“擅自添加中药涉嫌违法”告上法庭。当时法院认为，原告在庭审中未能提供证据证明“夏枯草”有毒副作用，也未能证明饮用“王老吉”凉茶构成人身损害的侵权事实，因此驳回起诉。2009年5月1日，卫生部在召开打击违法添加非食用物质和滥用食品添加剂专项整治工作新闻发布会上透露：知名品牌王老吉凉茶中所含部分中药成分确实不在允许食用范围内。该报道在社会上掀起轩然大波。广东省食品行业协会首先召开说明会认为，王老吉凉茶饮料严格按照国家有关规定组织生产与经营，根本不存在添加物违规问题。针对王老吉凉茶添加夏枯草的争议事件，沉默多日的罐装王老吉生产企业——加多宝集团在5月13日下午作出回应，表示王老吉茶饮料严格按照国家有关规定组织生产与经营，根本不存在违法添加非食用物质（夏枯草）问题。在广东，夏枯草作为许多凉茶的主料之一，已被广东人民食用数百年。另外，夏枯草是1991年国家公布的食物成分表中的野菜食物，并已在卫生部备案。公司生产的红色罐装王老吉凉茶饮料已在罐体上明确了产品的属性为“植物饮料”，并获得了卫生行政部门颁发的卫生许可证，罐装王老吉是经卫生行政部门许可生产的普通食品，因此公司生产的“王老吉”凉茶受国家法律保护。5月14日，卫生部网站也报道：王老吉凉茶中的鸡蛋花、夏枯草等原料为传统凉茶制作配料，根据产品配方剂量开展的毒理学安全性评价及人体试食试验证明产品食用安全。据此，卫生部于2005年4月25日以《卫生部关于王老吉凉茶有关问题的批复》（卫监督发［2005］169号）同意广东省卫生厅按照《禁止食品加药卫生管理办法》规定将“王老吉凉茶”备案。

解析

食品安全风险评估是指对食品中生物性、化学性和物理性危害对人体健康可能造成的不良影响所进行的科学评估，包括危害的识别、危害特征描述、暴露评估、风险特征描述等。食品是供人食用或饮用的成品和原料，按照传统既是食品也是药品的物品。区分什么是食品每个国家都有一定的标准，不符合的食品认定为有毒食品，是夸大了食品安全的风险程度。要解决食品安全问题，公认的方法就是建立食品风险分析和评估的框架体系，即食品安全风险评估。开展食品安全风险评估是国际通行的做法，也是应对日益严峻的食品安全形势的经验总结。

食品安全风险评估是有关食品安全监管的重要内容。《食品安全法》第13条第1款明确规定：“国家建立食品安全风险评估制度，对食品、食品添加剂中生物性、化学性和物理性危害进行风险评估。”根据国家有关规定，国务院卫生行政部门负责组织食品安全风险评估工作，有权成立由医学、农业、食品、营养等方面的专家组成的食品安全风险评估专家委员会，运用科学的方法，根据食品安全风险监测信息、科学数据以及其他有关信息，对食品、食品添加剂中生物性、化学性和物理性危害进行风险评估。国务院卫生行政部门作为负责食品安全风险评估工作的主管部门，在是否启动食品安全风险评估工作中存在两种形式：（1）被动式。即当食品可能存在安全隐患时，国务院卫生行政部门应该立即组织食品安全风险评估。《食品安全法》第14条规定：“国务院卫生行政部门通过食品安全风险监测或者接到举报发现食品可能存在安全隐患的，应当立即组织进行检验和食品安全风险评估。”（2）主动式。即国务院卫生行政部门有权根据食品安全监督管理工作的需要，随时组织食品安全风险评估工作。《实施条例》第12

条规定了国务院卫生行政部门应组织食品安全风险评估工作的几种情形。国务院农业行政、质量监督、工商行政管理和国家食品药品监督管理等有关部门应当向国务院卫生行政部门提出食品安全风险评估的建议，并提供有关信息和资料，国务院卫生行政部门也有义务及时向国务院有关部门通报食品安全风险评估的结果。食品安全风险评估结果是制定、修订食品安全标准和对食品安全实施监督管理的科学依据。国务院卫生行政部门在食品安全风险评估过程中，对经综合分析表明可能具有较高程度安全风险的食品，国务院卫生行政部门应当及时提出食品安全风险警示，并予以公布。如果得出食品部分安全结论的，国务院质量监督、工商行政管理和国家食品药品监督管理部门应当依据各自职责立即采取相应措施，确保该食品停止生产经营，并告知消费者停止食用；需要制定、修订相关食品安全国家标准的，国务院卫生行政部门应当立即制定、修订。

发现重大食品安全隐患应立即组织食品检验和食品安全风险评估。在本案中，始终有两个完全对立的声音，一是食品生产企业对王老吉凉茶传统配方的坚持，二是消费者对王老吉食品安全问题的质疑。广东省食品协会首先作出回应，认为王老吉凉茶不存在添加物违规问题，更不需要更改配方，也不会对消费者的身体健康造成伤害。根据《食品安全法》第 13 条第 2 款的规定，“国务院卫生行政部门负责组织食品安全风险评估工作”，广东省食品协会作为一个行业组织，并没有发布食品安全信息、组织食品安全风险评估和发布评估结果的权利，这样的言论也是不足信的。而作为法定的食品安全监管主体，卫生部的态度则显得暧昧。先是披露王老吉凉茶中所含部分中药成分确实不在允许食用范围内，继而又声明王老吉凉茶是依据《食品卫生法》和《禁止食品加药卫生管理办法》的有关规定，依法备案和销售的产品。其中的鸡蛋花、夏枯草等为传统凉茶制作配料，根据产品配方剂量开展的毒理学安全性评价及人体试食试验证明产品食用安全，因此不属于违规行为。《食品安全法》第 50 条规定：“生产经营的食品中不得添加药品，但是可以添加按照传统既是食品又是中药材的物质。按照传统既是食品又是中药材的物质的目录由国务院卫生行政部门制定、公布。”而根据卫生部 2002 年公布的《关于进一步规范保健食品原料管理的通知》的规定，夏枯草并未列入国家规定的 87 种“既是食品又是药品的物品名单”之中。这种仅依据王老吉凉茶在卫生部有备案，就认为在凉茶中添加食品之外的药材属于不违规行为，显然有失公允，难以服众。面对消费者的质疑，以及王老吉凉茶配方面临的现实困境，国家卫生行政部门应该立即启动食品检验和食品安全风险评估工作，对王老吉凉茶的危害性进行评估并予以公告，对整个事件定纷止争，也给社会一个满意的答复。

第四章 食品生产加工的质量管理与安全控制体系

第一节 食品质量安全的市场准入认证（QS 认证）

为了保证食品的质量安全，国家质量监督检验检疫总局发布了《食品安全生产加工企业质量安全监督管理办法》（2003 年 7 月 18 日起施行）和《食品生产许可管理办法》（2010 年 6 月 1 日起施行），其核心和主要内容就是实行食品质量安全市场准入制度。

一、食品质量安全市场准入制度的含义

1. 市场准入制度定义

所谓市场准入，一般是指货物、劳务与资本进入市场程度的许可。食品质量安全市场准入制度则是为保证食品的质量安全，具备规定条件的生产者才允许进行生产经营活动，具备规定条件的食品才允许生产销售的监督制度。因此，实行食品质量安全市场准入制度是一种政府行为，是一项行政许可制度，是属于强制性认证。

2. 食品质量安全市场准入制度的内容

（1）对食品生产企业实施生产许可证制度。对于具备基本生产条件、能够保证食品质量安全的企业，发放“食品生产许可证”，准予生产认证范围内的产品，未取得“食品生产许可证”的企业不准生产食品，从生产条件上保证企业能生产出符合质量安全要求的产品。

（2）对企业生产的食品实施出厂强制检验制度。未经检验或经检验不合格的食品不准出厂销售，对于不具备自检条件的生产企业强令实行委托检验。

（3）对实施食品生产许可证的产品实行市场准入标准制度。对检验合格的食

品要加印（贴）市场准入标志——QS（quality safety），没有加贴QS标志的食品不准进入市场销售。

3. 实行食品质量安全市场准入制度的意义

实行食品质量安全市场准入制度，是从我国实际情况出发，为保证食品的质量安全所采取的一项重要措施。

1. 实行食品质量安全市场准入制度是提高食品质量、保证消费者安全健康的需要

食品是一种特殊商品，它最直接地关系到每一个消费者的身体健康和生命安全。为从食品生产加工的源头上确保食品质量安全，必须制定一套符合我国国情、运行有效、与国际通行做法一致的食品质量安全监管制度。

2. 实行食品质量安全市场准入制度是保证食品生产加工企业的基本条件，强化食品生产法制管理的需要

企业是保证和提高产品质量的主体，为保证食品的质量安全，必须加强食品生产加工环节的监管，从企业的生产条件上把住市场准入关。

3. 实行食品质量安全市场准入制度是适应改革开放、创造良好经济运行环境的需要

为规范市场经济秩序、维护公平竞争，适应加入WTO以后我国社会经济进一步开放的形势，保护消费者的合法权益，也必须实行食品质量安全市场准入制度，采取审查生产条件、强制检验、加贴标志等措施，对违法活动实施有效的监督管理。

二、申请食品生产许可证的条件

（1）食品生产加工企业应当符合法律、行政法规及国家有关政策规定的企业设立条件，已取得营业执照、食品卫生许可证和企业代码证书（不需要办理代码证书的除外）。

（2）必须具备保证产品质量安全的环境条件。

（3）必须具备保证产品质量安全的生产设备、工艺装备和相关辅助设备，具备保证产品质量安全的原料处理、加工、储存等厂房或场所。

（4）食品加工工艺流程应当科学、合理，生产加工过程应当严格、规范，食品不得接触有毒有害物质或者其他不洁物品。

（5）生产加工食品所用的原料、食品添加剂等应当符合国家的有关规定。

（6）必须按照有效的产品标准组织生产。

（7）具有与食品生产加工相适应的专业技术人员、熟练的技术工人、质量管

理人员和检验人员。

(8) 应当具有与所生产食品相适应的质量检验和计量检测手段，企业应当具备产品出厂检验能力，并按规定实施出厂检验。

(9) 应当建立健全企业质量管理体系，实施从原材料采购、生产过程控制与检验、产品出厂检验到售后服务全过程的质量管理。

(10) 用于食品包装的材料必须清洗，对食品无污染。食品的包装和标签必须符合相应的规定和要求。

(11) 储存、运输和装卸食品的容器、包装、工具、设备必须安全，保持清洁，对食品无污染。

三、申请食品生产许可证的程序

在所有要求具备生产许可证的 28 大类食品中，肉制品、乳制品、饮料、罐头、冷冻饮品、葡萄酒、果酒、啤酒等产品的生产许可证和规模以上白酒生产企业的白酒生产许可证由国家质检总局负责审查核发，其他食品生产许可证和规模以下白酒生产许可证可由省级质量技术监督局负责审查核发。

申请食品生产许可证的程序有以下几个方面：

1. 申请、提交资料

由省级负责审查核发生产许可证的食品，按地域管辖的原则，申请人向所在地、市质监局提出办理食品生产许可证的申请，并提交下列资料：

(1) 食品生产许可证申请书；

(2) 营业执照和食品卫生许可证（复印件）；

(3) 企业生产场所布局图；

(4) 企业生产工艺流程图；

(5) 企业质量管理文件；

(6) 企业标准文本（执行企业标准的企业提供）；

(7) 依据有关规定应提供的其他材料。

由国家质监总局负责审查核发生产许可证的食品，申请人须直接向所在地省级质量技术监督局提出申请。

2. 受理、审查

企业的申请材料符合要求的，市级或省级质量技术监督局应当在规定期限内发给行政许可申请受理决定书。对材料不齐或者不符合法定形式的，下发“补正”告知书，告知需要补正的全部内容。受理后，市级或省级质量技术监督局应当在规定期限内组成核查组，完成对申请企业必备条件的现场核查。

3. 产品检验

对现场核查合格的企业，核查组按食品生产许可证审查通则和审查细则的要求当场抽取和封存发证检验样品，由企业将样品送达有资质的检验机构。检验机构收到样品，在规定期限内完成检验工作。

4. 复审、发证

市级质监局将符合发证条件的企业申请材料、现场核查和产品检验材料上报省质监局，省质监局对符合发证条件的企业名单及申请材料进行复查，在规定期限内作出准予许可或不予许可的规定。准予许可的，向企业发放食品生产许可证及副本。不予许可的，应当书面说明理由。

5. 换证

食品生产许可证上应注明获证产品的名称和申请单元名称，有效期一般为 3 年，企业应当在食品生产许可证有效期满 6 个月前提出换证申请，换证工作程序与企业第一次申请相同。

第二节　GMP（良好操作规范体系）

一、GMP 的概念

GMP 是良好操作规范（good manufacturing practice）英文首字母的缩写。GMP 规定了食品生产、加工、包装、储存、运输和销售的规范性卫生要求，其主要目标是确保食品生产企业加工出卫生安全的食品。一般情况下，它以法规、推荐性法案、条例和准则等形式公布，其内容通常包括如下几个方面：人员（卫生、健康与培训）、原材料卫生管理、生产过程管理、成品管理与实验室检测（质量检测、储存、运输、销售管理等）、卫生和食品安全控制等。

二、GMP 的发展简况

食品生产的 GMP 是从药品生产 GMP 中发展起来的。1963 年美国制定颁布世界上第一部药品 GMP，之后不久，GMP 很快被应用到食品卫生质量管理之中，并逐步发展成食品 GMP 法规。

1969 年，美国食品药物管理局（FDA）制定了《食品良好操作规范的条例及法规》，并陆续制定了各类食品的 GMP。到目前为止，美国政府对可可、糕点、瓶装饮料等也制定了相应的 GMP 法规，这些法规仍在被不断地完善，其最新版本被称为现行良好操作规范（CGMP）。

世界卫生组织（WHO）在1969年第22届世界卫生大会上，向各成员国首次推荐了GMP，1975年WHO向各成员国公布了实施GMP的指导方针。联合国粮食与农业组织与世界卫生组织下设的食品法典委员会（CAC）也采纳了GMP体系的观点，制定了《食品卫生通则》，强调对第三国食品卫生的监督。

加拿大卫生部（HPB）按照《食品和药物法》制定了《食品良好制造法规》（GMRF），欧共体理事会和欧盟委员会发布了一系列食品生产、进口和投放市场的卫生规范和要求，其他一些发达国家，如澳大利亚、英国等都相继借鉴了GMP的原则和管理模式，制定了某类食品的GMP，有的是强制性的，有的是非强制性的。日本20世纪70年代初期重新修订了《日本食品卫生法》，规定"饮食业，以及对公共卫生影响较大的企业，必须达到政府规定的卫生标准，并取得许可证"。日本农业水产省、日本食品卫生协会等先后分别制定了各类食品的《食品制造流通准则》《卫生规范》《卫生管理要领》等，日本的GMP属推荐性。

三、中国食品生产企业的GMP体系

1994年中国卫生部按照《食品卫生法》的规定，参照食品法典委员会（CAC）制定的《食品卫生通则》，结合中国国情制定了《食品企业通用卫生规范》（GB 14881—1994），作为中国食品企业必须执行的国家标准发布。2002年5月，国家质检总局发布实施了《出口食品生产企业卫生要求》，对出口食品生产企业提出了强制性的卫生规范。

1.《食品企业通用卫生规范》（GB 14881—1994）

《食品企业通用卫生规范》规定了中国食品企业在加工过程、原料采购、运输、储存、工厂设计与设施的基本卫生要求及管理准则。适用于食品生产、经营的企业、工厂，并作为制定各类食品厂的专业卫生规范的依据。以此国标作为中国食品GMP总则。《食品企业通用卫生规范》包括七个要素：①原材料采购、运输的卫生要求；②工厂设计与设施的卫生要求；③工厂的卫生管理；④生产过程的卫生要求；⑤卫生和质量检验的管理；⑥成品储存、运输的卫生要求；⑦个人卫生与健康的要求。

从1988年开始，我国先后颁布了罐头厂卫生规范（GB 8950—1988）等17个食品企业的卫生规范。重点对厂房、设备、设施和企业自身卫生管理等方面提出卫生要求，以促进中国食品卫生状况的改善，预防和控制各种有害因素对食品的污染。上述18个卫生规范基本上覆盖了我国主要食品加工品种，表明我国食品卫生规范体系已经构成。1998年，卫生部颁布了《保健食品良好生产规范》

(GB 17405—1998) 和《膨化食品良好生产规范》(GB 17404—1998), 这是中国首批颁布的食品 GMP 强制性标准。同过去的“卫生规范”相比, 最突出的特点是增加了品质管理内容, 对企业人员素质及资格也提出了具体要求, 对工厂硬件和生产过程管理及自身卫生管理的要求更加具体、全面、严格。迄今为止制定了 19 类食品加工企业的卫生规范 (即类似于国际上普遍采用的 GMP 标准), 形成了中国食品的 GMP 体系。

2. 出口食品生产企业的卫生要求

为了保证我国出口食品质量和卫生安全, 满足进口国卫生注册制度的规定, 根据国际食品贸易发展的需要, 1984 年 7 月, 原国家商检局会同卫生部联合发布了《出口食品卫生管理办法 (试行)》, 其中规定商检部门对出口食品的加工厂、屠宰场、冷库、仓库和出口食品进行卫生监督和检验, 并实施出口厂、库卫生注册登记制度。1984 年 10 月国家商检局发布了类似 GMP 的卫生法规《出口食品厂、库最低卫生要求 (试行)》和《出口食品厂、库卫生注册细则 (试行)》, 对出口食品生产企业提出了强制性的最低卫生要求。为适应形势发展的要求, 1994 年又发布了《出口食品厂、库卫生要求》。在此基础上, 对出口速冻蔬菜、畜禽肉、罐头、水产品、饮料、茶叶、糖类、面食制品、速冻方便食品和肠衣 10 类食品企业的卫生注册进行了规范, 并于 2002 年 5 月发布实施了《出口食品生产企业卫生要求》, 这一规定是中国对出口食品生产企业加工操作的官方要求, 也是中国出口食品生产企业的良好操作规范 (简称出口食品 GMP), 并在此基础上, 又陆续发布了出口肉类屠宰加工、出口罐头生产、出口水产品生产、出口饮料生产、出口速冻方便食品生产、出口速冻果蔬生产、出口脱水果蔬生产、出口肠衣生产、出口茶叶生产九类企业注册卫生规范, 中国出口食品企业的 GMP 管理体系逐步形成。

四、卫生标准操作程序体系 (SSOP)

SSOP 是卫生标准操作程序 (sanitation standard operation procedure) 的简称。SSOP 是食品生产企业为保证达到 GMP 所规定的卫生要求, 保证加工过程中消除不良的人为因素, 使其所加工的食品符合卫生要求而制定的指导食品生产加工过程中如何实施清洗、消毒和卫生保持的作业指导文件。SSOP 的正确制定和有效执行, 对控制危害是非常有价值的, 企业可根据法规和自身需要建立。

SSOP 实际上是落实 GMP 卫生法规的具体程序, 一个标准的 SSOP 应至少包括以下八个方面: ①水和冰的安全性; ②食品接触表面的清洁和卫生; ③防止交叉污染；④手的消毒和卫生间设施；⑤防止食品被外来污染物污染；⑥有毒化合物的标志、储存和使用；⑦从业人员的健康状况；⑧有害动物的扑灭及控制。

第三节　HACCP（危害分析和关键控制点体系）

一、HACCP 概述

HACCP 是危害分析与关键控制点（hazard anylysis critical control point）英文首字母的缩写。HACCP 是控制食品安全的经济有效的管理体系，其目标是确保食品的安全性。虽然起初该体系是出于控制食品微生物的安全性而产生的，但它现在已扩大到对食品中化学和物理危害的控制，在实践中得到比较广泛的应用。近 30 年来，HACCP 已经成为国际上共同认可和接受的食品安全体系。1997 年 6 月，FAO/WHO 食品法典委员会（CAC）对 1993 年发布的《HACCP 体系的应用准则》作了修改，形成了新版法典指南——《HACCP 体系及其应用准则》。

HACCP 是预防性食品安全控制体系，对所有潜在的生物、化学、物理的危害进行分析，将食品安全管理延伸到食品生产的每一个环节，从原有的产品终端检验变成全程控制，强化了食品生产者在食品安全体系中的作用。

二、HACCP 的产生与发展

HACCP 体系建立于 1959 年，美国皮尔斯伯利公司（Pillsbury）与美国航空航天局（NASA）纳蒂克实验室联合开发太空食品，而传统的品质控制（QC）手段不能完全确保太空食品的 100％的安全，皮尔斯伯利公司经过广泛研究，提出必须建立一个“防御体系”，要求这个体系能尽可能早地控制原料、加工过程、环境、员工、储存和流通。如果能建立这种控制系统，并一直保存适当的记录，就可以生产出安全食品。实践发现，按 NASA 规则的要求保持记录形式，不仅给新体系提供了一个方法，而且使新体系更容易执行。因此，保持准确、详细记录便成为新体系的基本要求之一。皮尔斯伯利公司就这样建立了 HACCP 体系，用于控制生产过程中可能出现危害的装置或加工工序，生产过程则包括原材料生产、加工过程、储运过程直到食品消费。

在美国第一届食品保藏全国会议上，皮尔斯伯利公司首次提出 HACCP 原理，随后 1974 年发布了 HACCP 原理的全部内容，并得到美国食品及药物管理局（FDA）的重视，首先在罐头食品中加以应用。1985 年，美国科学院食品微生物学基准分析委员会就 HACCP 的有效性发表了评价结果，发布了政府应采用 HACCP 的公告。1987 年，美国农业食品安全检查局（FSIS）、美国 FDA 等部门组成了“食品微生物标准咨询委员会”，倡导 HACCP 体系在食品企业中的应用。1988 年，国际食品微生物顾问委员会和 WHO（世界卫生组织），提出在国际标准中导入 HACCP 的建议。1989 年，美国微生物标准咨询委员会发布了 HACCP 的七个原理。1992 年，加拿大海洋渔业署规定水产品工厂必须实施 HACCP 体系。1993 年，国际食品法典委员会（CAC）采用并定制了 HACCP 体系应用指南。1994 年，欧共体委员会发布了根据 HACCP 原理制定的水产品的相关法规。1995 年，美国 FDA 颁布了强制性水产品 HACCP 法规。1996 年，美国农业部颁布了畜禽肉的 HACCP 体系法规。1997 年，加拿大农业部制定了肉制品、乳制品 HACCP 管理制度，提出了 11 种食品的 HACCP 一般模式。2001 年美国 FDA 发布了果蔬汁的 HACCP 法规。

三、HACCP 在中国的推行情况

HACCP 在 20 世纪 80 年代传入中国，90 年代初国家进出口商品检验局针对出口食品的安全问题，在包括水产品、肉类、禽类和低酸性罐头食品等 10 种食品中采用了 HACCP 原理进行了控制安全的研究，这是 HACCP 在中国的首次运用。1993 年 FAO 培训署与中国农业部联合在青岛举办了 HACCP 培训班。1997 年国家商检局派人到美国接受了 HACCP 培训，随后对商检系统水产品检验人员进行了分批分期培训，在此基础上指导水产品加工企业建立了 HACCP 体系管理。2001 年国家质量监督检验检疫总局成立，国家认证认可监督委员会（简称国家认监委）负责包括 HACCP 为核心的食品安全管理体系认证在内的认证认可工作。国家认监委 2002 年 3 月发布《食品生产企业危害分析与关键控制点（HACCP）管理体系认证管理规定》，自 2002 年 5 月 1 日起执行。按照有关规定，中国必须建立 HACCP 体系的有 6 类出口食品企业，分别是水产品、肉及肉制品、速冻蔬菜、果蔬汁、含肉及水产品的速冻食品、罐头产品企业。这是中国首次强制性要求食品生产企业实施 HACCP 体系，标志着中国应用 HACCP 体系进入新的发展阶段。

中国卫生系统从 20 世纪 80 年代在有关国际机构的帮助下，开展 HACCP 的宣传、培训工作，并于 20 世纪 90 年代初在乳制品行业开展了 HACCP 应用试点；2002 年 7 月，卫生部组织制定并发布了《食品企业 HACCP 实施指南》；2003 年卫生部发布的《食品安全行动计划》中确定酱油、食醋、植物油、熟肉

制品等食品加工企业、餐饮业、快餐供应企业和医院营养配餐企业 2007 年实施 HACCP 管理。

中国农业部 1996 年 12 月起，就结合水产品出口贸易问题开始进行 HACCP 培训活动。农业部将推行 HACCP 管理作为加强饲料生产安全监管，提高饲料行业国际竞争力的战略措施，并在各项农产品质量安全推进计划中提出积极推行 HACCP 质量认证。

国家质量监督检验检疫总局于 2004 年 6 月 1 日发布了 SN/T 1443.1—2004《食品安全管理体系要求》，并于 2004 年 12 月 1 日正式实施。该标准以食品法典委员会（CAC）在《HACCP 体系及其应用准则》中表述的 HACCP 原理及其应用体系为核心。已出台的 ISO/WD22000《食品安全管理体系要求》标准草案也详细描述了基于 HACCP 7 个原理的食品安全管理体系。FSM 把 HACCP 同先决条件以及标准卫生操作程序兼容，其结构与 ISO 9000 和 ISO 14000 趋同。FSM 为国际间 HACCP 概念的交流提供机制。该草案规定了 FSM 体系运行的各项要求，提出 FSM 体系的组成要素。该标准草案具体包括了八个方面的内容：①范围；②规范性作用文件；③术语和定义；④食品安全管理体系；⑤管理职责；⑥资源管理；⑦安全管理策划和实现；⑧食品安全管理体系的验证、确认和改进。

四、HACCP 的实施

1. HACCP 的基本原理

HACCP 方法已成为世界性的食品质量控制管理有效办法，其原理已被食品法典委员会（CAC）确认。

（1）危害分析。拟定食品生产工艺各工序的流程图，确定与食品生产各阶段（从原料生产到消费）有关的潜在危害性及其程度，鉴定并列出各有关危害，规定具体有效的控制措施，包括危害发生的可能性及发生后的严重性评估。这里的“危害”是一种使食品在食用时可能产生的不安全的生物、化学或物理方面的特征。

（2）确定关键控制点（CCP）。CCP 是指能进行有效控制的某一工序、步骤或程序，如原料生产、收获与选择、加工、产品配方、设备清洗、储运、雇员与环境卫生等都可能是 CCP，而且每一个 CCP 所产生的危害都可以被控制、防止或将之降低到可接受的水平。

（3）确定关键限值，保证 CCP 受控制。即制定为保证各 CCP 处于控制之下而必须达到的安全目标水平和极限。安全水平参数包括温度、时间、物理尺寸、湿度、水活度、pH 值有效氯、细菌总数等。

(4) 建立监控系统。监控是有计划、有顺序地对确定的 CCP 进行观察和测试，将结果与关键限值进行比较，以判断 CCP 是在控制中，并有准确记录，可用于未来的评价。监控应采用尽可能连续的理化方法，如无法连续监控，也要求有足够的间隙频率次数来观察测定每一 CCP 变化规律，以保证监控的有效性。

(5) 确立纠偏措施。当监控过程发现某一特定的 CCP 正超出控制范围时，应采取纠偏措施。因此，需要预先确定纠偏行为计划，对已产生偏差的食品进行适当处理，纠正产生偏差，使之确保 CCP 再次处于控制之下，同时要作纠偏过程记录。

(6) 建立验证程序。通过提供客观证据，包括应用监控以外的审核、监视、测量、检验和其他评价手段，对 HACCP 计划运行的符合性和有效性进行认证，包括审核关键限值是否能够控制确定的危害，保证 HACCP 计划正常执行。

(7) 建立 HACCP 计划档案及保管制度。HACCP 具体方案在实施中，都要求作例行的、规定的各种记录，同时还要求建立有关适于这些原理及应用的所有操作程序和记录的档案制度，包括计划准备、执行、监控、记录及相关信息与数据文件等都要准确和完整地保存。

2. HACCP 的建立（执行）

根据 HACCP 的 7 个原理，食品企业在具体实施 HACCP 计划时，要经过 13 个步骤才能完成，其中 1～5 步骤是准备阶段，6～9 步骤是危害分析，确定关键控制点和控制方法，10～13 步骤是维护措施的建立与实施。每个生产企业在实施 HACCP 计划中，必须按要求建立反映实际的书面文件，每个企业都可以根据自身的特点制定反映 HACCP 执行过程的有关表格、HACCP 计划表、危害分析工作表及其他相应的有关表格。

(1) 预备步骤（准备阶段）

步骤 1：成立 HACCP 小组。HACCP 小组由以下人员组成：质量保证与控制专家、食品生产工艺专家、食品设备及操作工程师、其他人员如病虫防治、储运、包装与销售公共卫生管理等方面的专业技术人员。小组人员需获得主管部门的批准委托，经过严格培训，具备足够的岗位知识。应指派一名熟知 HACCP 技术和具备一定管理能力的人为组长，并指定 1～2 位 HACCP 计划的起草人员，一位秘书。起草人员非常关键，应是熟知企业情况的资深专家。

步骤 2：描述产品。对产品，包括原材料和半成品的特性、规格与安全性进行全面描述，尤其对以下内容要作具体定义和说明：原辅料、成分、理化性质、加工方式、包装系统、储运、储存期限。

步骤 3：确定产品用途及消费对象。食品最终用户或消费者对产品的使用期望就是用途。实施 HACCP 计划的食品应确定其最终消费者，特别要关注特殊消费人群，如儿童、妇女、老人、体弱者、免疫功能不健全者等。食品的使用说明书要明示由何类人群消费、食用的目的和如何食用，有时还应考虑易受伤害的消费人群应注意的事项。

步骤 4：编制生产流程图。编制食品生产工艺流程图，对于实行 HACCP 管理是必需的一项基础性工作。流程图是对食品加工过程的一个清楚的、简明的、全面的说明，包括所有原料的接收、加工到储存，覆盖加工的所有步骤。

步骤 5：现场验证生产流程图。流程图中的每一个环节，应与实际操作过程进行比较确认，以确保该流程有效，如果有误，HACCP 小组应对流程图加以调整和修正。

（2）HACCP 危害分析及控制办法

步骤 6：危害分析及控制措施。危害性分析是 HACCP 最重要的一环，按食品生产流程图，HACCP 小组要列出各生产工艺步骤可能会发生的所有危害及其控制措施，包括生物的、化学的、物理的危害，及因突然停电而延迟加工时，半成品的临时储存及安全等类似问题。危害可能来自原辅料、加工工艺、设备、包装、储运、人为等方面。在危害中尤其不能允许致病菌存在与增殖及不可接受的毒素和化学物质的产生。危害分析要对危害的出现可能、分类、程度进行定性和定量的分析，并说明可用于控制这些危害的办法。

步骤 7：确定关键控制点（CCP）。关键控制点的数量取决于产品或生产工艺的复杂性、性质和研究的范围等，应当明确，一种危害有时可以由几个 CCP 来控制，若干种危害也可以由一个 CCP 来控制。如果某种危害通过某一步骤就可以被控制、被预防、消除或降低到可接受的水平，那么该步骤就是关键控制点（CCP）。采用关键控制点判断树较容易找到生产流程中的 CCP，这是 HACCP 执行人员常采用的一个办法。

步骤 8：确定每个 CCP 的关键限值（CL）和容差（OL）。在确定食品生产经营过程的所有 CCP 后，HACCP 小组还应确定各 CCP 的控制措施要求达到的关键限值（CL），也就是要预先规定 CCP 的标准值。这种 CCP 的 CL 值参数（温度、时间、水分、pH 值、化学物质、产品感官和管理要求等，一般不用微生物指标作为 CL）最好相对较快并易于被测知，以利于作出更快的反应和采取必要的改正措施。在实际执行 HACCP 计划中，生产过程的控制可以选择一个比 CL 稍严格的操作限值（OL），它既可以充分考虑产品的消费安全性，也能最大限度减少经济损失，弥补设备和监测仪表自身存在的正常误差。

步骤 9：制定每个 CCP 的监控措施。制定监控措施是对 CCP 是否符合规定的限值与容差进行有计划检测和观察，以确保所有 CCP 都在规定条件下运行。同时，监控过程应作精确的运行记录，为将来分析食品安全原因提供数据。实施监控必须明确：

1）监控内容。监控的内容可以是生产线上的，如时间与温度的测量；也可以是非生产线上的，如盐、pH 值、总固形物、化学成分、微生物总数的测定。但监控应当可能在生产线上的操作过程中解决，以有利于及时采取改正措施，预防食品安全受到影响。监控内容还包括：现场观察检查、卫生环境条件、原料产地、原料包装容器上的标志，政府法规是否允许等。

2）监控人员的选择及任务。监控人员可以是生产线上的工人、工序监管员、维修人员等。监控人员由 HACCP 小组推荐，企业主管认定，并经严格培训。要求监控人员对所监控的活动过程及结果提供准确的报告，及时报告异常事件和 CCP 偏离情况，监控人员有权对 CCP 产生的危害采取改正措施。

3）如何进行监控。对 HACCP 的每一进程，都要按规定及时进行监控。监控可以是连续性的（如温度、压力）和非连续性的（如固形物、重金属）。非连续监控是点控制，样品及测定点要有代表性，非连续性监控要规定科学的监控频率，该频率要能反映 CCP 的危害特征。监测方法有口测、品评、物理测量、化学分析、微生物快速检测等，监控数据应由专业人员进行评价。

（3）HACCP 计划的维护

步骤 10：建立 CCP 可能偏离的纠偏措施。当某 CCP 出现一个 CL 发生偏差时采取的行动叫纠偏措施。纠偏措施包括纠正和消除偏离的原因，重建加工控制。当出现偏差时生产的产品应有相应措施对其进行处理。

纠偏措施应包括：采用的纠偏动作能保证 CCP 已经在控制限值以后；纠偏动作受到权威部门的承认；有缺陷的产品能及时处理；纠偏措施实行后，CCP 一旦恢复控制，有必要对这一系统进行审核，防止再出现误差；授权操作者，出现偏差时停止生产，按规定对不合格产品进行处理；在特定 CCP 失去控制时，使用经批准的可替代原工艺的备用工艺。无论采用什么纠偏措施，均应保存以下记录：被确定的偏差、保留产品的原因、保留的时间和日期、涉及的产量、产品的处理和隔离、作出处理决定的人、防止偏差再发生的措施。

步骤 11：确定验证程序。验证程序是为了确保 HACCP 系统是处于正常工作状态之中。验证的目的要明确 HACCP 是否按 HACCP 计划进行；原制定的 HACCP 计划是否适合目前实际过程并且是有效的。审核措施应确保 CCP 的确定，监控措施和关键限值是适当的，纠偏措施是有效的。验证动作由 HACCP 执行小组负责，应特别重视监督中的监督率、方法、手段或试验法的可靠性。包括对 HACCP 计划、所采用（记录）文件的审查，偏差和纠偏结果的评论，中间及最终产品微生物检查，检查 CCP 记录，现场检查 CCP 控制是否正常，不合格产品的淘汰记录，检查 HACCP 修正记录，顾客对产品意见的总结等。

步骤 12：建立记录的保存系统。文件记录的保存是有效地执行 HACCP 的基础，以书面文件证明 HACCP 系统是有效的。保存的文件应包括：说明 HACCP 系统的各种措施，用于危害分析采用的数据，HACCP 执行小组会议上的报告及决议，监控方法及记录，由专门监控人员签名的监控记录，偏差及纠偏记录，审定报告及 HACCP 计划表，危害分析工作表等表格。

步骤 13：回顾 HACCP 计划。HACCP 方法经过一段时间的运行，有必要对整个实施过程进行回顾与总结。在对整个 HACCP 或某一点调整前，应对 HACCP 的过去进行回顾，特别是发生如下变化时：①原料、产品配方发生变化；②加工体系发生变化；③工厂和环境发生变化；④加工设备改进；⑤清洁和消毒方案发生变化；⑥重复出现偏差或出现新危害，或有新的控制方法；⑦包装、储存和销售体系发生变化；⑧人员等级和职责发生变化；⑨消费者使用发生变化；⑩市场信息反馈产品有质量安全风险。

回顾 HACCP 计划有关的资料、数据、改进措施，应形成文件，保存在 HACCP 记录档案中。

第四节　GMP、HACCP、SSOP（卫生标准操作程序）的关系

GMP、HACCP、SSOP 三者之间的关系，可以简单地理解为：HACCP 是执行 GMP 体系的关键和核心，而 SSOP 和其他前提计划则是建立和实施 HACCP 计划的基础。简言之，执行 GMP 体系的核心是 HACCP，基础是 SSOP 等前提计划，总体目标是确保食品质量安全。

一、GMP 与 SSOP 的关系

GMP 规定的有关生产、加工、储存、运输等方面的基本卫生要求，是政府食品质量安全主管部门用法规或强制性标准的形势发布的，食品生产企业的生产条件必须达到 GMP 的要求，否则食品不得上市销售。SSOP（卫生标准操作程序）是企业为了达到 GMP 所规定的卫生要求而制定的企业内部的卫生控制文件，它没有 GMP 的强制性。GMP 的规定是原则性的，包括硬件和软件两个方

面，是食品加工企业必须达到的基本条件。SSOP 的规定是具体的，负责指导卫生操作和卫生管理的具体实施。制定 SSOP 的依据是 GMP，GMP 是 SSOP 的法律基础。SSOP 必须形成文件，GMP 则没有这方面要求。GMP 通常与 SSOP 的程序和工作指导书是密切关联的，GMP 为它们明确了总的规范和要求。

食品企业必须首先遵守 GMP 的规定，然后建立并有效实施 SSOP。GMP 和 SSOP 是相互依存和密切关联的。

二、GMP 和 HACCP 的关系

GMP 和 HACCP 系统都是为保证食品质量安全而制定的一系列措施和规定。GMP 适用于所有相同类型产品的食品生产企业的原则，而 HACCP 则依据食品生产工厂及其生产过程不同而不同。GMP 体现了食品企业质量安全管理的普遍原则，而 HACCP 则是针对每一个企业生产过程的特殊原则。

GMP 的内容是全面的，它对食品生产过程中的各个环节各个方面都制定出具体的要求，是一个全面的质量安全保证系统。HACCP 则突出对重点环节的控制，以点带面来保证整个食品加工过程中的食品安全。形象地说，GMP 如同一张预防各种食品危害发生的网，而 HACCP 则是其中的纲。

从 GMP 和 HACCP 各自特点来看，GMP 是对食品企业生产条件、工艺、行为和卫生管理提出的规范性要求，而 HACCP 则是动态的食品卫生管理方法；GMP 的要求是硬性的、固定的，而 HACCP 的要求是灵活的、可调的。

GMP 和 HACCP 在食品企业质量安全管理中所起的作用是相辅相成的。通过 HACCP 系统，可以找出 GMP 要求中的关键点，通过运行 HACCP 系统，可以控制这些关键点达到标准要求。HACCP 的实施可以提高企业管理者和职工判断、评估和处理危害的能力，有助于 GMP 的制定和实施。而企业只有通过对 GMP 的严格实施，才可使 HACCP 系统更有效地运行。对想确保食品质量安全的企业来讲，GMP 和 HACCP 是缺一不可的。

三、SSOP 和 HACCP 的关系

SSOP 具体列出了卫生控制的各项指标，包括了食品加工过程中的卫生、工厂环境的卫生和为达到 GMP 的要求所采取的措施。SSOP 的正确制定和有效执行，对控制危害是非常有价值的。因此，HACCP 计划中的 CCP 的确定会受到 SSOP 有效实施的影响，或者说 HACCP 体系建立在以 GMP 为基础的 SSOP 之上。SSOP 之所以减少 HACCP 计划中的 CCP 数量，把某一危害归类到 SSOP 控制而不列入 HACCP 计划内控制，丝毫不意味着对其控制的重要性有所降低，事

实上，危害是通过 SSOP 和 HACCP 的 CCP 共同进行控制的。当工厂实施了 SSOP 后，HACCP 就会更为有效，因为 HACCP 体系就能集中到与食品或其生产过程中相关的危害控制上，而不是在生产卫生环境上，HACCP 计划更加体现特定食品危害控制属性。

第五节 HACCP 在动物性食品生产中的应用

动物性食品的微生物污染来源很多，主要来自动物本身的健康、所用饲料及其饲养的环境，以及运输屠宰加工工艺、加工用水、工厂设备、加工工人等，这些都是动物性食品生产中的关键控制点。

一、动物本身

肉和家禽的卫生安全在一定程度上取决于活生畜的健康，这是因为，许多经肉传染给人们的沙门氏菌、旋毛虫等食源性疾病都来自于活畜。使用的抗生素类型、数量和时间也构成关键控制点，可以经常监督。由于牧场在治疗或饲料中使用抗生素，活畜将产生抗生素抵抗性病原，这些动物将病原带进屠宰场，再扩散到胴体和产品中。

二、饲料及其饲养环境

饲料和饮水中如果含有感染性因子、有毒化学物质或真菌毒素也会对动物造成危害。

同样，动物的舍饲设备卫生和粪便处理也是关键控制点。有时牧场引进其他来源地的动物时就可能带进疾病，这些疾病经过污染饲料、饮水或处理不当的废物而扩散。这种危险性在集约化饲养中表现更加突出。即使采用无沙门氏菌的饲料，若不采用其他控制措施，还是不能彻底杜绝沙门氏菌病的传播。工业化或半工业化国家的大型肉类生产单位，需采取有效的兽医监督，鉴定动物疾病大暴发，提供动物群健康的证明。特定地区的动物应当注意某些疾病，例如沙门氏菌的局部暴发，兽医检验员应从牧场采取粪样，因为，这种感染在宰后不易查出。如果测知临床病暴发，可采取适当步骤限制感染向牧场扩散。牧场、地区性、全国性水平的疾病监督也为特定畜群特定疾病的危害评价提供了有价值的资料。随着计算机的普遍应用，可以将这些信息传至屠宰场的肉检员手中。

三、活畜运输

从肉品卫生看，活畜从牧场运输到市场或屠宰场的过程是重要的一步。良好的卫生起点在牧场。首先选择健康、清洁和无病的畜群作为食品加工的原料。实验表明，如果动物在吃饱时宰杀，很难避免粪污扩散。所以，运装前应从草地捕捉屠畜，或在停食 3～6 h 后捕捉。装车或卸车中要小心，避免应激或刮伤。在市场或在屠宰场内，动物运输时间或关养时间很重要，运输和关养时间长，会扩散屠畜的沙门氏菌感染。

为了减少交叉感染，可以设计专用车辆。多层运输车应用时要注意，不能让上层污染物落到下层。为保证运输车辆的清洁，屠宰场应提供清洁设备。

四、待宰关养

圈舍和屠宰场的卫生状况和关养时间很重要，良好的畜群管理也很重要，环境清洁动物的胴体也会清洁。因此，一般认为，屠宰动物应在宰前冲洗干净。不过，许多冲洗系统的效果大有问题。关养管理不善、时间过长会扩大肠道致病菌的传播，并容易发生动物的应激现象，出现肉质异常，货架期变短。要时时观察，加强畜群管理和冲洗程序。

五、屠宰

为使有明显疾病的动物不被屠宰，宰前检验很重要。屠宰前短时间内进行检验，可以检出急性疾病或运输储存中发生的损伤。肉畜的常用屠宰方式能将微生物带进组织，应适当注意卫生（如在宰杀之间消毒屠刀），否则带进的细菌量就足以引进微生物危害。

六、加工工艺

1. 剥皮或烫毛

剥皮（绵羊、牛）和烫毛（猪）是肉类制品加工中的重要环节。由于动物皮肤上微生物污染严重，可能包含各种病原，在宰后整理中，肉和可食性以及暴露的胴体表面都会接触毛皮和其他来源的污染。如猪在烫毛过程中，皮肤和直肠容物可经过放血进入胴体。如果猪仍有心跳，污染就会进入深层组织，经过器官到达肺脏。因此在此过程中要十分小心，防止污染胴体表面，也要避免胴体接触皮张表面。必须有足够的卫生手段防止污染经过操作工手臂、刀锯设备和衣帽扩散。另外不要强力抖动皮张，使气源性污染降到最低。烫毛时水温应维持在

60℃以上，同时还要控制毛水的水流速度。

2. 摘除内脏

完整的内脏没有什么危险，但是肠胃道的漏出物能够引起广泛污染。如果屠宰和摘除内脏时间间隔过长，就会污染胴体，为此要对工人进行训练和指导，并根据摘除内脏动物的类型来设计设备并加以调节。

3. 胴体冲洗

目前采用的胴体修正方法很难避免屠宰和摘除内脏过程所造成的污染，所以必须冲洗胴体。在冲洗胴体时，可以采用手插的或自动的喷洗系统。采用一次性刷子和抹布，防止其成为微生物的来源。喷洗对去除一些污染相当有效，但是有些污染物例如毛、粪便或腹腔内容物仍可能遗留下来。同时，冲洗过度和高压喷洗均会不同程度地破坏胴体表面膜的完整性。有人也曾提出几种提高冲洗效果的方法，如使用热水、氯水喷洗、醋酸和乳酸喷洗等。虽然不同的冲洗方法都有一定的效果，但仍应当将更多的精力放在避免污染方面，而不是在污染后再去清除污染。

4. 冷却

在胴体修正之后，表面温暖、潮湿的环境是腐败菌和致病菌生长的理想条件。所以应当在造成危害之前将胴体表面尽快冷却到 7℃以下，以减少细菌生长。胴体冷却的关键因素是气流。气流测定和控制比较困难。一般是在空的冷却室内进行气流测定，很少注意不同装载形式对室内不同部位胴体表面气流运动的影响。目前使用的牛肉冷却室内，垂直气流的分布比横向气流均匀。为了达到有效的热传递，胴体各部的气流速度至少应当维持在 0.25 m/s。

胴体表面的水分损失取决于相对湿度、温度、气流速度和脂肪覆盖的共同作用。保持胴体内表面干燥可以阻止微生物生长。如果胴体用不能透水的薄膜包装，其表面不会干燥，这时就要用其他手段或调节温度来防止细菌生长。如果从死后僵直之前迅速冷却，就会发生冷粗老现象。在屠宰以后迅速采用电刺激可以在相当程度上减少冷收缩。

迅速冷却会引起表面脱水干燥、质量损失、表面有损等问题。但如果是经过热脱骨的僵直前的肉应当立即冷冻，因为在胴体分割过程中，增加了细菌污染的机会。

冷却室冷凝是一个常见问题，冷凝水会促进肉、墙壁、地面和设备上的细菌生长。一般是由于冷却能力不足，长时间开门、用热水冲洗、用水过多，或在装货前冷却室内温度过低等原因造成的。因此，在冷却过程中控制肉的微生物成长，温度、时间、气流和相对湿度都很重要，最好在冷却室内连续测量并记录温度、湿度，如有偏差应立即纠正。

5. 冷却肉运输

胴体肉在冷却后运输到分割厂，再加工或运输到零售店。运输中必须保持肉的冷却，防止发生冷凝和污染，这对于避免肉在转运过程中的污染十分重要。如果环境温度高或是运输时间超过数小时，就需要进行冷却。冷却运输设备的设计通常是为了维持特定的温度，而不是将温度高的肉装入冷藏车冷却，重要的是在装车前保证肉的温度低于预定的运输温度，使在运输中肉温上升最低。运输中出现的问题常常是因为冷却肉装车不当或者装载过量，车内空气循环不良造成的。因此，应在装车前测定肉温，并定时测量温度。长途运输时，应对车内温度进行监督。

6. 分割和脱骨

分割和脱骨肉加工时的表面和设备如果不清洁，可能成为嗜冷腐败菌的来源。加工过程也是污染扩散和微生物生长的机会，这对肉在货架期影响很大。此外，工厂和设备的设计、保养和卫生也很重要。分割车间的温度应保持在10℃以下，应避免使用抹布、木质切肉板以及吸水性传送带，并将分割肉和脱骨肉迅速送到冷却室。

7. 包装

包装能防止肉的再污染和水分损失。嗜氧性腐败菌特别是假单孢菌，在透氧薄膜包装的肉体处于高湿度环境中时很易生长。因此，这种包装形式仅限于零售鲜肉。若采用不透气薄膜包装，可通过改变袋内的气体环境，影响微生物区系的建立速度和性质。如包装袋肉积聚的二氧化碳可抵制革兰氏阴性嗜冷菌，从而延长产品的货架期。

案例 1

肉灌肠生产质量事件

一、背景

一台资企业，属生产肉灌肠制品的小型加工厂，营运期间，管理薄弱，无成文的管理规章制度，无质量管理部门，无化验室及检测设备。生产车间有一位车间主任、两位班长、1～2位专职检验员，近40个工人分成5个组，专职检验员在车间主任领导下跟着生产走，担任最基本的质量控制，生产管理全靠“传帮带”和经验办事。

产品为肉灌肠切片制品，其工艺流程为：

原料肉缓化—修整及挑拣杂质—绞肉＋真空滚揉＋拌馅—灌肠＋熟制/冻结＋冷却/适度缓化—削片—计量—装箱入库

二、质量事件

1. 某天中午，车间负责削火腿片的员工在盐水火腿香肠里发现蓝绿色的略呈丝络状、类似线头的杂质。检验员和该员工对整批产品进行外观检查，确认约三分之一的产品中发现该类杂质，通过工艺操作排查分析，发现是绞肉时挡在出口处的小毛巾被绞刀磨破后残渣混入肉馅，造成污染，并在拌馅组现场找到一块已经残损的蓝绿色小毛巾头，与杂质实物对照后，颜色基本符合。据了解，在绞肉的时候，为了避免碎肉喷溅，绞肉人员经常将一块小毛巾搭在绞肉机的出口处。事后，厂里作出规定，不允许使用小毛巾遮挡绞肉机出料口，用竖立周转筐另一侧的套筐袋来遮挡碎肉喷溅的问题。但是，这项规定也只坚持了一段时间，之后，又恢复了用毛巾遮挡的老办法，理由是用套筐袋来挡很麻烦。

2. 某月某日，该厂车间灌肠组灌到一半的时候，上馅的员工发现馅料内有白色薄片状的杂质，挑出来看是塑料碎屑。利用生产过程中的残次品经检验后再利用是该厂一惯的做法。对于肉灌肠制品生产过程中发生的残次品，如颜色不对、组织度不好、单重相差太大、肠衣破损、产品不成型等，该厂均回收利用。方法是将残次品重新斩成糜状，按照一定比例掺兑到原料中。残次品处理流程是：岗位员工自检—检验员检验—入库暂存—检验员检验—斩拌掺兑到原料中。一般是检验员检验后，确认残次品无问题，方可进行下一步工序。但发生该事故时，两位现场检验员，一位在灌肠组，一位在包装组，其他人也未进行检查，出问题那就是必然的了。

解析

该肉灌肠生产企业在短短的几年内经历了业务扩张到市场占有率急剧萎缩，最终企业易主变故，我想，以下几点值得我们思考。

1. 从背景上看，这家企业管理薄弱，无成文的管理规章制度，无质量管理部门，无化验室和检测设备，也就是说，从硬件到软件，该企业都不具备食品生产的条件，因为办得早，该企业得以注册生产，按现在食品生产的准入条件（QS 体系），这家企业根本不能生产食品。

2. 作为食品生产企业，无规范的质量管理制度，更谈不上质量安全管理体系，如 HACCP 体系。假如该企业建立了 HACCP（危害分析和关键控制点体系)，那么两个质量事故案例的原因均应是危害的关键控制点，而得到有力的控制，就根本不可能或者可能性很小出现案例中的质量事故。

3. 该企业对两次质量事故均找出原因，且提出解决问题的措施，但都未得到很好的执行。现场工人因怕麻烦使用套筐，仍然恢复用毛巾挡碎肉，对厂里的正确规定可以置之不理，我行我素；对关系到人民身体健康和生命安全的食品质量安全，可以如此地忽视，这样的食品企业，怎么会不垮台呢？

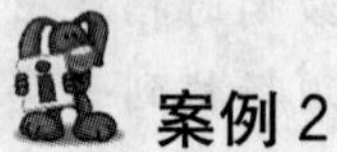

案例 2

浓缩苹果汁生产质量事件

一、背景

近年来，随着大量的资金投入，我国浓缩苹果汁行业迅速膨胀，导致浓缩苹果汁行业生产能力过剩，再加之原料竞争异常激烈，原料价格一直居高不下，小型生产企业只能在夹缝中求生存。本案例涉及的生产线生产能力为 10 t/h，属同行业中小型生产企业。

浓缩苹果清汁最终产品为可溶性固形物 70%以上的无菌灌装产品，因其柔和的特性，使其成为加工果蔬汁饮料的理想原料。国外 90%的生产厂商将苹果汁作为饮料生产的基础配料。

本案例涉及的产品是浓缩苹果清汁，其生产工艺如下：

苹果原料—清洗—拣选—破碎—压榨—前巴氏杀菌—酶解/活性炭吸附，超滤—高温灭菌—蒸发浓缩—冷却—浓汁罐暂存—后巴氏杀菌—无菌灌装。因加工工艺的需要，加工过程中需进行两次巴氏杀菌。

二、质量事件

2004 年 9 月下旬，浓汁无菌灌装并入库后，经检测中心取样进行微生物检验，结果显示细菌超标，细菌总数≥100 cfu/mL。由于微生物化验时间较长，造成发现质量问题的时间滞后，故检测结果中显示连续出现了几个批次的产品不合格。

三、调查分析

首先，对细菌检测超标的产品进行了隔离，暂存，待发现引起质量问题的原因并解决后再拿出处理意见。

其次，分析出现质量问题的原因，在检查加工过程中，发现果汁生产过程参数控制无异常，设备运转情况无异常，因为整个加工过程为密封的管道，排除了人为带来污染的可能性，判断为二次污染。

最后，加工过程中受污染点的确定：

1）因为加工过程中，清汁进蒸发器之前，先经过一道高温灭菌工序，灭菌设备无异常，所以，初步判定蒸发浓缩过程中果汁是无菌的（经蒸发器出口样检测结果证实，蒸发浓缩过程中确为无菌状态）；排除了蒸发器设备密封不严，果汁在蒸发器中再次受污染的可能。

2）在蒸发器出口至无菌灌装这一段过程中逐个点进行取样检测排查，分别由蒸发器出口、浓汁暂存罐进汁前、浓汁罐进汁暂存后、后巴氏杀灭菌前、后巴氏杀灭菌后（无菌灌装机灌装后）等各个点分别取样进行细菌检测分析，蒸发器出口为阴性，其他均为阳性，经检测结果分析确定为设备问题，造成异物进入果汁，交叉污染。

解析

经过上述各点的细菌检测分析；蒸发器出口细菌总数为零，而进浓汁暂存罐前果汁中细菌总数超标，由此分析，果汁在此段过程中受到了污染，因为果汁自蒸发器出口后为正压，如果管道泄漏，只能是果汁自泄漏处漏出，而且管道检查中无漏汁现象，最终在设备检查中发现果汁浓缩后冷却过程所使用板式换热器密封垫泄漏，导致冰水污染果汁。此处冰水为冷却塔的内部循环水，因为露天使用，而且循环时间长，水内杂质较多，而且有一定的微生物。在加工过程中，浓汁在浓汁罐中存放时间长达 15 h，而果汁环境非常利于细菌的繁殖，细菌数目增加，故其污染状况严重，导致后巴氏杀菌操作参数失效，浓汁中细菌超标。

整改措施

设备方面：将板式换热器所有密封垫进行更换，加强已老化部件的备品备件的检查工作；

工艺方面：将不合格产品进行返工，经吸附、超滤、高温灭菌、浓缩等工序，重新进行再加工，无菌灌装。后经检测，产品质量合格。

案例体会

质量控制方面：出现质量问题，进行排查的方法。如不是原料的问题，则由其加工过程进行各个点的取样分析，以确定影响质量的具体原因。

设备方面：设备使用过程中，一些易损耗部件，须做好备品备件，并且在使用前进行备件老化周期评估以确定其老化周期，需要时立即进行更换。

检测方法中报出结果时间较长，致使质量排查周期延长，造成生产成本增加。企业需探索新的快速检测方法，力求在最短的时间内出具相应的检测报告，将质量问题的排除周期尽可能地缩短。

如按 HACCP 原理设定关键控制点并认真进行控制，应该不会出现上述质量事件。

案例 3

三全牌水饺标志违规事件

到青岛旅游的刘先生在某超市购买了 5 袋三全牌水饺。其中一袋水饺竟有两个生产日期，其余 4 袋的生产日期标志也模糊不清，无法辨认。在与店方协商未达成一致意见的情况下，刘先生决定向当地工商部门投诉。工商部门驻店工作人员在接到刘先生的投诉后，立刻展开调查，并作出将该品牌水饺下柜的决定，工商人员也参与了水饺下柜工作。工商部门驻店工作人员表示：在调查过程中，他们没有再发现有两个生产日期的水饺。按照《消费者权益保护法》的有关规定，刘先生获赔水饺原价两倍的赔偿，店方也同意将其他货物一并退货。工商部门将刘先生所购的 5 袋水饺进行了封存，表示下一步将向厂家询问调查。记者在工商部门驻家乐福的办公室见到了这几袋出生日期存疑的三全牌水饺，原本在塑料包装袋的右侧有印制的生产日期，但现在都已经被烫得十分模糊。

解析

食品标签是指在食品包装容器上或附于食品包装容器上的一切附签、吊牌、文字、图形、符号说明物。食品标签的基本功能是通过对被标志食品的名称、配料表、净含量、生产者名称、批号、生产日期等进行清晰、准确的描述，科学地向消费者传达该食品的质量特性、安全特性以及食用、饮用说明等信息。由于预包装食品不像散装食品，让人可以直观地辨别其品种、色泽、形象、气味等，并感受其质量的好坏。对于预包装食品，我国法律一直强调食品标签的管理。《产品质量法》第 27 条规定：“产品或者其包装上的标志必须真实，并符合下列要求：（一）有产品质量检验合格证明；（二）有中文标明的产品名称、生产厂厂名和厂址；（三）根据产品的特点和使用要求，需要标明产品规格、等级、所含主要成分的名称和含量的，用中文相应予以标明；需要事先让消费者知晓的，应当在外包装上标明，或者预先向消费者提供有关资料；（四）限期使用的产品，应当在显著位置清晰地标明生产日期和安全使用期或者失效日期；（五）使用不当，容易造成产品本身损坏或者可能危及人身、财产安全的产品，应当有警示标志或者中文警示说明。裸装的食品和其他根据产品的特点难以附加标志的裸装产品，可以不附加产品标志。”《食品安全法》进一步明确规定预包装食品必须有标签，标签应该标明特定事项，这是一种强制性规范。该法第42条进一步规定：“预包装食品的包装上应当有标签。标签应当标明下列事项：（一）名称、规格、净含量、生产日期；（二）成分或者配料表；（三）生产者的名称、地址、联系方式；（四）保质期；（五）产品标准代号；（六）储存条件；（七）所使用的食品添加剂在国家标准中的通用名称；（八）生产许可证编号；（九）法律、法规或者食品安全标准规定必须标明的其他事项。专供婴幼儿和其他特定人群的主辅食品，其标签还应当标明主要营养成分及其含量。”

食品标签是食品记录制度中的重要事项。《食品安全法》规定我国食品生产企业和食品经营企业应当建立严格的记录制度，食品生产企业应该建立进货查验记录、食品生产安全管理记录、食品出厂记录；食品经营企业应建立食品进货查验记录；从事食品批发业务的经营企业应建立完整的出货记录。食品生产经营记录制度是食品生产企业、食品经营企业以及从事食品批发业务的经营企业的法定义务，建立食品生产经营记录制度有助于及时发现不合格食品或者不安全食品，防止将这类食品上市销售，损害公众身体健康；有助于及时发现问题食品，及时实施食品召回；有助于准确界定问题食品的源头，在食品生产企业和经营企业因食品安全、质量等问题发生法律纠纷时，食品生产经营记录制度将是重要的法律证据。我国法律对食品生产经营记录制度有详细而具体的规定，《食品安全法》第37条规定：“食品生产企业应当建立食品出厂检验记录制度，查验出厂食品的检验合格证和安全状况，并如实记录食品的名称、规格、数量、生产日期、生产批号、检验合格证号、购货者名称及联系方式、销售日期等内容。食品出厂检验记录应当真实，保存期限不得少于两年。”《实施条例》第24条规定：“食品生产经营企业应当依照食品安全法第36条第2款、第37条第1款、第39条第2款的规定建立进货查验记录制度、食品出厂检验记录制度，如实记录法律规定记录的事项，或者保留载有相关信息的进货或者销售票据。记录、票据的保存期限不得少于两年。”第25条规定：“实行集中统一采购原料的集团性食品生产企业，可以由企业总部统一查验供货者的许可证和产品合格证明文件，进行进货查验记录；对无法提供合格证明文件的食品原料，应当依照食品安全标准进行检验。”第28条规定：“食品生产企业除依照食品安全法第36条、第37条规定进行进货查验记录和食品出户检验记录外，还应当如实记录食品生产过程的安全管理情况。记录的保存期限不得少于两年。”第29条规定：“从事食品批发业务的经营企业销售食品，应当如实记录批发食品的名称、规格、数量、生产批号、保质期、购货者名称及联系方式、销售日期等内容，或者保留载有相关信息的销售票据。记录、票据的保存期限不得少于两年。”

工商部门追查食品生产经营记录是认定事故责任的有效方式。本案刘先生购买的 5 袋水饺中，有一袋水饺有两个生产日期，其余 4 袋生产日期模糊，这显然违反了《食品安全法》第 42 条关于食品标签的有关规定。由于食品安全涉及生产、运输、批发、销售等多个领域，一时很难准确界定该问题食品是在哪个环节出了问题。根据《食品安全法》所要求建立的食品生产经营记录制度的规定，查验问题食品的生产企业的出厂记录、从事批发业务的经营企业的出货记录和家乐福超市的进货查验记录，将有助于查明并认定问题食品的责任主体。《食品安全法》第 86 条规定：食品生产经营者生产经营无标签的预包装食品、食品添加剂，或者标签、说明书不符合法律规定的食品、食品添加剂，由有关主管部门没收企业违法所得、违法生产经营的食品和用于违法生产经营的工具、设备、原料等物品；违法生产经营的食品货值金额不足一万元的，并处 2 000 元以上五万元以下罚款；货值金额一万元以上的，并处货值金额二倍以上五倍以下罚款；情节严重的，责令停产停业，直至吊销许可证。食品生产企业未按照法律规定建立并遵守进货查验记录制度、出厂检验记录制度，食品批发和销售企业未按规定要求储存、销售食品或者清理库存食品，进货时未查验许可证或相关证明文件的，依据实施条例第 57 条第 3 款的规定，适用《食品安全法》第 87 条的处罚规定，即由有关主管部门按照各自职责分工，责令改正，给予警告；拒不改正的，处 2 000 元以上二万元以下罚款；情节严重的，责令停产停业，直至吊销许可证。

工商部门按照《食品安全法》及其《实施条例》进行此案例的处罚是合适的，食品标签问题是食品生产销售中普遍存在的问题，只有严格依法处理，才能让食品生产者、销售者引起高度重视，因食品标签引发的食品安全问题才会得到有效的控制。

第五章　进出口食品的安全监管与技术性贸易壁垒

第一节　我国进出口食品的监管体系

一、我国进出口食品的管理机构

我国负责进出口食品安全的主管机构是中华人民共和国国家质量监督检验检疫总局（简称国家质检总局），国家质检总局是国务院下设的主管全国质量、计量、出入境商品检验、出入境卫生检疫、出入境动植物检疫和认证认可、标准化等工作，并行使行政执法职能的正部级直属机构。在食品安全方面负责生产加工环节的监管和进出口食品安全的监管。其涉及进出口食品安全的职能部门如下：

1. 进出口食品安全局

在国家质检总局内负责进出口食品安全的部门是进出口食品安全局，该部门负责拟定进出口食品安全、质量监督和检验检疫的工作制度；承担进出口食品的检验检疫、监督管理以及风险分析和紧急预防措施工作；按规定权限承担重大进出口食品质量安全事故检查处理工作。

2. 中国国家认证认可监督管理局（CNCA）

该局是由国务院设立并授权统一管理、监督和综合协调全国认证认可工作的副部级主管机构，行政上隶属于国家质检总局管理。CNCA 主管中国进出口食品生产企业卫生注册工作，制定进出口食品生产、加工单位的卫生注册登记管理制度，组织实施对进出口食品生产企业的检查审核批准，根据国外食品卫生要求注册办理、注册通报和对国外推荐注册等。

3. 动植物检疫监管司

该司的职责是拟定出入境动植物及其产品检验检疫的工作制度，承担动植物及其产品的检验检疫、注册登记、监督管理，按分工组织实施风险分析和紧急预防措施，承担出入境转基因生物及其产品、生物物种资源的检验检疫工作，管理出入境动植物检疫审批工作。

4. 地方分支机构

国家质检总局在全国各省、自治区、直辖市及主要口岸设立了35个直属出入境检验检疫局，并在全国各口岸和货物集散地设立分支机构。国家质检总局对全国出入境检验检疫局的业务、人事、财务实施垂直管理。各地出入境检验检疫机构具体负责进出口食品、化妆品的检验检疫和监督管理工作，并负责对出口食品生产企业的注册和监督管理。

5. 检测机构（实验室）

进出口食品安全局共有452个涉及食品检验的实验室，其中直属检测中心（省级）36家，其中包括8家农药、兽药残留物检测基准实验室和28家残留物检测批准实验室，其余分支机构实验室（市级）分布于全国各地承担相关检测任务。进出口食品安全局负责全国直属局实验室的规划、设备投入以及提出检验检疫的技术要求，开展检测技术研发和培训；各直属技术中心对分支局实验室开展技术指导和技术管理。

二、我国进出口食品安全的法规、标准和检测体系建设

目前，我国已经颁布实施的与进出口食品安全有关的法律主要有：《食品安全法》《农产品质量安全法》等，此外，我国还颁布了大量与进出口食品安全有关的行政法规，如《进出境动植物检疫法实施条例》《进出口商品检验法》《国境卫生检疫法》等。另外，国家质检总局还会同其他政府部门制定了与进出口食品安全有关的配套规章100余件，强化了对食品安全的质量管理。国家质检总局已批准发布了与食品有关的国家标准991项，有关部门批准发布了与食品加工有关的行业标准1100多项。同时，国家质检总局已批准发布了食品卫生及检验方法、食品质量及检验方法、食品添加剂、食品包装、食品储运、食品标签等方面的标准986项，其中约23%采用了国际标准。

三、我国进出口食品的管理实施

1. 我国进口食品监管体系概况

（1）建立科学的风险管理制度。按照WTO/SPS协定及国际通行做法，中国政府对肉类、蔬菜等高风险进口食品实行基于风险管理的检验检疫准入制度，包括对出口国申请向中国出口的高风险食品开展风险分析，对风险可接受的食品与

出口国主管部门签署检验检疫议定书，对国外生产企业实施卫生注册，对动植物源性食品实施进境检疫审批等。如果出口国发生了动植物疫情疫病或严重的食品安全问题，及时采取相应的风险管理措施，包括暂停可能受到影响的食品进口等。

(2) 建立严格的检验检疫制度。进口食品到达口岸后，中国出入境检验检疫机构依法实施检验检疫，只有经检验检疫合格后方允许进口。入境地海关凭检验检疫机构签发的入境货物通关单办理进口食品的验放手续，之后在中国市场销售。在检验检疫时如发现质量安全和卫生问题，立即对存在的问题食品依法采取相应的处理措施。2006 年，出入境检验检疫机构在进口口岸共检出不合格进口食品 2 458 批。2007 年上半年，共检出 896 批，均依法作出退货、销毁或改做他用处理，确保了进入中国市场的进口食品质量安全。

(3) 建立完善的质量安全监控制度。在依法对进口食品实施检验检疫的同时，对风险较高的食品及在口岸检验中问题较多的食品和项目实行重点监控。对发现严重问题或多次发现同一问题的进口食品及时发出风险预警，包括采取提高抽样比例、增加检测项目、暂停进口在内的严管措施。

(4) 建立严厉的打击非法进口制度。国家质检总局与海关总署建立了关检合作机制，联合打击非法进口食品行为。2006 年我国与欧盟委员会签署了《中欧联合打击非法进口食品行为合作安排》，明确了双方将通过开展信息通报、技术合作、专家互访和联合专项打击措施等，共同打击欺诈、夹带行为转口、走私等非法进出口食品行为。2006 年至 2007 年上半年，仅非法进口的肉类就查获 12 292 吨。

2. 我国出口食品监管体系概况

(1) 建立出口食品安全风险分析系统。根据我国国情，首次在国内确定了进出口食品安全风险分析的一般性原则，建立了食品安全风险分析信用平台以及食品安全风险分析理论体系；根据食品安全风险分析的一般性原则，结合近年食品进出口贸易的热点问题在有关口岸开展了应用实践，如对酱油中的三氯丙醇，苹果汁中的甲胺磷、乙酰甲胺磷残留，禽肉中的氯霉素残留，冷冻加工水产品中的金黄色葡萄球菌及肠毒素等的风险评估，为进出口食品的检验监管提供了极大的便利，产生了良好的社会经济效益，使进出口食品检验与监管工作更加科学化、标准化和规范化。

(2) 推行农产品认证认可体系及食品认证认可制度。2003 年，国家质检总局与国家认证认可监督管理委员会、农业部、国家经贸委、外经贸部、卫生部、国家工商总局、国家标准委等九部门提出建立农产品认证认可工作体系的具体措施，即建立统一、规范的农产品认证认可体系。实行统一的农产品认证机构、认证咨询机构和认证培训机构的国家认可制度，制定有利于社会监督和促进有序竞争的农产品认证标志（标识）管理办法，适时对直接食用的农产品实行强制性产品认证制度和出口验证制度，在农产品生产加工企业中积极推行 HACCP 管理体系认证，推动建立贯穿农产品种植（养殖、加工、储运）经销全过程的质量卫生安全管理体系。

全国食品认证认可工作，由国家认监委统一管理、监督和综合协调。此外，该委还负责制定国家食品认证认可、卫生注册等方面的要求；协调并指导全国食品认证认可工作。监督管理相关的认可机构；对进出口食品生产、加工单位的卫生注册登记进行评审和注册、监督和规范食品认证市场。

（3）在出口加工食品企业中积极推行 HACCP 和 GMP 体系。为保证出口食品的质量安全，在出口食品企业积极推行 HACCP 和 GMP 质量管理模式，在生产加工过程中对食品安全进行有效控制，确保出口农产品和食品符合相关的质量安全要求。

（4）建立“一个模式、十项制度”出口食品安全管理体系。一个模式，就是出口食品“公司＋基地＋标准化”生产管理模式。这个生产管理模式符合我国国情，是食品质量安全的重要保障，也是企业走规模化、集约化和国际化的必由之路。经过多年努力，我国的出口食品，特别是肉类、水产、蔬菜等高风险食品基本实现了“公司＋基地＋标准化”模式。

十项制度，包括源头管理三项，即对种植、养殖基地实施检验检疫备案管理制度，疫情疫病监测制度和农兽药残留监控制度；工厂管理三项，即严格实施卫生注册制度，全面实行企业分类管理制度，稳步推行高风险食品大型出口生产企业驻厂检验检疫管理制度；产品监管三项，即对出口食品的法定检验检疫制度，质量追溯与不合格品召回制度，风险预警与快速反应制度；诚信建设一项，即对出口食品实施红黑名单制度。

第二节　技术性贸易壁垒和食品安全

一、技术性贸易壁垒及内容

1. 什么叫技术性贸易壁垒

“技术性贸易壁垒”又称“技术性贸易措施”或“技术壁垒”，是以国家或地区的技术法规、协议、标准和认证体系（合格评定程序）等形式出现，涉及的内容广泛，涵盖科学技术、卫生、检疫、安全、环保、产品质量和认证等诸多技术性指标体系，运用于国际贸易当中，呈现出灵活多变、名目繁多的规定。由于这类壁垒大量地以技术面目出现，因此常会披上合法外衣，成为当前国际贸易中最为隐蔽、最难对付的非关税壁垒。

世界贸易组织关于技术性贸易壁垒的文件有两个，分别是《技术性贸易壁垒协定》（TBT 协定）和《实施卫生与动植物卫生措施协定》（SPS 协定），于 1995 年 1 月 1 日 WTO 正式成立起开始执行。

2. 技术性贸易壁垒的内容

世界上一些发达国家如美国、日本和欧盟等在主要的技术性贸易壁垒包括技术法规、技术标准、认证与标志、包装和标签、检验程序和检验手续、绿色壁垒等方面，进行了系统的研究，有针对性地制定相应的标准和措施，使之成为限制进口，保护本国利益的重要手段。

（1）技术法规和标准是国际贸易中运用最广泛的技术性贸易措施。技术法规是指规定强制执行的产品特性或其相关工艺和生产方法的文件，以及规定的适用于产品、工艺或生产方法的专门术语、符号、包装、标志或标签要求的文件。这些文件可以是国家法律、法规、规章，也可以是其他规范性文件，以及经政府授权由非政府组织制定的技术规范、指南、准则等。技术法规具有强制性特征，即只有满足技术法规的要求的产品方能销售或进出口。目前，一些国家特别是某些发达国家，利用其经济和科技优势，将标准作为构筑贸易壁垒的重要手段，以限制其他贸易伙伴，尤其是发展中国家的产品进口。例如，为保护本国稻谷生产者的利益，日本对进口大米的检测项目从 42 项增加到 102 项，日本实施进口强制检查的冷冻菠菜中，99%以上从中国进口；美国为阻止墨西哥的土豆输入，在标准中有成熟性个头大小等指标，有意识地给墨西哥土豆销往美国制造困难。

（2）合格评定程序。合格评定程序是指任何直接或间接以确定是否满足技术法规或标准中相关要求的程序，包括抽样、检验和检测程序，符合性评估、验证和合格保证程序，注册、认可以及它们的组合等。由于各国认证和合格评定所依据的标准水平、认证体系和内容、认证机构的地位、检验机构的水平、强制性认证和自愿性认证的差异，这些即构成贸易上的障碍，或者说成为一种技术性贸易壁垒。

（3）包装、标签、包装规则在各国农业技术性贸易措施中扮演重要的角色。包装、标签要求日益烦琐、复杂，农产品和食品的附加成本不断提高，包装材料要求日益高技术化，安全合格标志等达到分类歧视的目的。如韩国政府要求在韩国市场上销售的生物技术生产的农产品和食品必须有“基因重组食品”或“食品中含有基因重组××成分”的标志，以便消费者辨认，这在很大程度上限制了国外农产品和食品的进口。

（4）绿色壁垒。发达国家以其雄厚的资金实力，先进的技术及环保水平，制定严格的环保要求，以限制发展中国家的农产品和食品进入其市场。绿色标志在发达国家已成为一种时尚，目前美国、德国、日本、加拿大、挪威、瑞士、法国、澳大利亚等发达国家都已建立环境标志制度，且相互协调承认。美国还规定从 1995 年 6 月 1 日起，凡是出口美国的鱼类及制品，都必须贴上有美方证明的来自未污染水域的标志。绿色壁垒正日益成为发达国家限制发展中国家的农产品和食品出口，施行贸易保护的工具。

（5）检验程序和检验手续。有些国家在产品的试验、检验程序和检验手续上设置重要障碍，以限制他国农产品和食品进口。如日本 2003 年对从中国进口的蔬菜实行“批”开箱检查，使我国出口日本的速冻蔬菜因通关时间长、成本高而导致出口数量下降。

二、技术性贸易壁垒对我国食用农产品及食品出口的影响

在加入世贸组织之前，关税、数量限制等是影响我国农产品和食品出口的主要壁垒，而入世后，严格的技术标准、复杂的质量认证，以及各国繁多的包装、标志、卫生及环保等方面的要求构成了新的技术壁垒，可以说，这种壁垒更多隐蔽，更难对付。我国科技、经济和管理与发达国家还存在一定的差距，特别是对农产品和食品技术性贸易措施缺乏系统的研究，更没有科学系统的预警机制，技术性贸易壁垒已成为我国农产品和食品向发达国家出口的严重障碍。据统计，2001 年中国约有 70 多亿美元的出口商品受到技术性贸易的影响，2002 年以来呈增长的趋势。这里面，确有我国农产品和食品质量安全方面的问题，如农药残留超标等，但主要的原因还是发达国家出于贸易保护主义，对我国出口的农产品和食品要求越来越严格，特别是以食品安全、卫生、环保为由设置的技术性壁垒越来越高。大量资料表明，我国在加入 WTO 后，在享受种种优惠待遇的同时，农产品遭到更严厉的绿色壁垒限制。大连海关 2007 年底到 2008 年 2 月，农产品出口遭到退运 359 万美元，比上年同期增长 17.4%。

1. 肉类产品出口受控

我国是猪肉世界第一生产大国，其产量占世界的 35%，每公斤成本比美国、荷兰低 34%和 18%，出口却远不如欧盟、美国和加拿大，原因是我国被认为是疫区，被剥夺了市场准入的机会。我国出口到日本的禽肉一般占出口总量的

30%以上，有时甚至超过60%。2001年7月，日本和韩国对我国禽肉实行进口限制，2001年12月27日，日本政府又宣布，由于在中国产的鸡肉中检出了鸟类特有的“新城病病毒”，对中国相关地区产的鸡肉进一步实行进口限制。2008年1至3月，青岛海关被退运的冻鸡产品达505.4吨，比上年同期增长了9.2倍。2002年3月15日，俄罗斯农业部又以中国的产品未满足兽医检查方面的要求，宣布禁止从中国进口一切猪肉、牛肉和禽肉，给中国鸡肉出口造成一定影响。2002年1月25日，欧盟又以我国出口的禽肉、龙虾中的农药残留、兽药残留和微生物超标为由，全面禁止进口中国的动物源产品，中国牛肉进军欧洲的梦想再次破灭。在相当长的时间内，我国羊肉由于药残、疫病等问题被进口国拒之于国门之外。我国羊肉出口仅占羊肉产量的很少一部分，历年情况均是进口远大于出口。我国羊肉出口的第一个对象是我国香港，但数量非常有限，仅能满足香港需求的1/30，在相当长的时间内，我国羊肉由于药残、疫病等问题被进口国拒之于国门之外，出口潜力大受影响。

2. 蔬菜产品出口日本受制技术性贸易壁垒

我国蔬菜年出口额超过15亿美元，在农产品、食品出口上占据重要位置。近年来，我国蔬菜出口迅速增长，引起了有关进口国的高度重视，一些国家为保护本国的蔬菜生产而采取了限制进口的保护措施，特别是加入世贸组织之后，采取配额、关税等歧视性措施减少，取而代之以技术壁垒限制我国蔬菜进口。日本是我国蔬菜的主要出口国，近年来为限制中国蔬菜进口，千方百计设计技术贸易壁垒，中日农产品和食品的贸易摩擦不断。如2002年以来，日本加强对中国蔬菜等农产品的检验，宣布从冷冻菠菜中检出农药残留超标，使中国蔬菜出口日本受阻。部分日本媒体还大肆炒作，进行不实报道，称中国蔬菜为“毒菜”，严重误导日本消费者，损害中国产品形象，给中国食品生产和出口企业造成很大损失。据统计，2002年1—6月，中国保鲜蔬菜对日本出口约14万吨，金额8 141万美元，分别比2001年同期减少23%和19%；暂时保藏的蔬菜出口量1.94万吨，金额912万美元，同比分别减少27.8%和22.5%；盐渍蔬菜出口6.87万吨，金额4 356万美元，同比分别减少8.7%和8.1%。为了限制中国蔬菜的进口而不波及欧美国家，日本政府对菠菜制定了严于其他蔬菜农药残留限量标准，人为造成了冷冻菠菜农药超标问题较多的现象。2008年上半年，山东省蔬菜出口大幅下滑，传统出口产品冷冻菠菜因少数批次农药残留超标而导致日本政府的全面禁运。

3. 茶叶出口面临日、欧技术壁垒

中国茶叶流通协会公布的数据显示，2002年前三个季度我国茶叶出口

185 803 吨，较 2001 年同期的 190 365 吨下降了 2.4%，是连续几年实现出口增长后的首次下降；茶叶出口额 2.52 亿美元，较 2001 年同期的 2.67 亿美元下降 5.57%；平均单价 1.357 美元/千克，较 2001 年同期的 1.402 美元下降 3.21%。分析 2002 年我国茶叶出口下降的原因，主要是欧盟和日本的技术壁垒造成。欧盟从 2001 年 7 月起对进口茶叶实行新的残留量标准，限制禁用的农药从 29 种增加到 62 种，部分农药残留量标准比原来提高 100 倍以上，这意味着我国茶叶只有达到绿色食品的同级标准，才能进入欧洲市场。绿茶是我国出口日本的主要品种，2002 年日本采取了类似原产地保护的措施，以减少中国绿茶出口对日本茶农带来的冲击。实施技术壁垒，提高出口到日本茶叶农药残留量指标的要求，使 2002 年前三个季度对日本的茶叶出口量比 2001 年同期下降 15%。

三、我国食用农产品和食品技术性贸易壁垒的对策

1. 建立我国农产品和食品技术性贸易措施预警系统

加强农产品和食品技术性贸易措施跟踪比较研究，建立完善的信息披露机制，是突破国外技术壁垒的有效方法。加强对世界主要农产品和食品进口国的相关标准和政策的研究工作，跟踪了解其发展变化的趋势，并及时向有关部门和企业发布信息，指导农业生产，对稳定和扩大我国的农产品和食品出口，占领国际农产品和食品市场，具有重大的现实意义和深远的历史意义。

应当选择部分关系国计民生的重要和敏感的农产品和食品，通过建立数据采集、分析、会商、发布等工作，进行警情分析和信息发布工作，实现对这些农产品和食品的生产、需求、价格、质量安全、进出口贸易等的动态跟踪监测预警。这样，一方面为政府决策提供依据，提高政府宏观调控和综合服务水平，根据全球农产品和食品的贸易波动、卫生安全和技术壁垒政策，适时采取相应的预防保护措施；另一方面向公众发布信息，增强农户及企业的信息意识和利用信息能力。提醒农产品和食品生产经营者尽快采取措施，抵御和化解市场风险，减少损失。

预警系统包括信息收集与整理系统，预警分析与识别系统，预警预报发布系统和决策调控系统。

2. 充分、灵活地运用贸易交涉策略

一般说来，贸易交涉策略应当基于以下判断：第一，判断避免或化解贸易争端的可能性；第二，判断以双边磋商解决争端的可能性；第三，判断利用 DSU 解决贸易争端并赢得官司的可能性。无论是通过 DSU 或双边磋商解决争端，还是通过其他手段避免或化解贸易争端，最重要的是要了解以下几点，一是我方在

贸易争端中是否处于有利地位；二是如果我方处于有利地位，那么应当具体分析我方具有哪些有利因素，同时在贸易争端交涉中又会面临哪些不利因素；三是如果我方根本不具有优势条件，或者不利因素大于有利因素，那么应当考虑追求避免或化解贸易争端的可能性。

而就农产品和食品出口应如何应对进口的技术壁垒而言，所谓有利或不利因素的判断，主要是基于以下几点分析，一是进口国的技术壁垒是否符合 WTO 有关协议条款；二是引用 SPS 协议解决贸易争端时，是否具有技术上的支持；三是根据等效原则，是否存在着替代措施使得出口产品达到进口国要求的同等保护水平；四是根据举证责任原则，我方是否能够提供相应的证据。

如何判断进口国的贸易限制措施是否符合 WTO 协议，如何判断在 SPS 框架下解决贸易争端是否有技术上的支持，如何援引等效原则，探讨达到进口国保护水平等效的替代措施，如何考虑举证责任等问题应引起注意。

3. 完善我国食品安全管理和农产品与食品出口管理体系

我国农产品和食品出口之所以面临技术壁垒的挑战，除客观原因外，主观上是由于我国现行食品安全监管和农产品与食品出口管理还存在着一些问题，为此，我们应从以下几方面改进和完善我国农产品和食品进出口管理体系。

（1）应当高度重视科学研究与进出口贸易的结合。贸易政策需要科学技术的支持，贸易交涉和争端也需要技术上的支持，农产品和食品进出口贸易不仅仅是农业政策领域专家的任务，应当吸收大量自然科学相关领域的专家进行与农产品和食品进出口贸易有关的技术问题研究，重点是食品安全、病虫害及动植物疫病的防治技术、检验检测技术及有关标准等，只有自然科学研究提供了强有力的支持，涉及技术壁垒的贸易交涉才能立于不败之地。技术标准和检验检疫手段研究必须与国际接轨，只有国际化的科学研究成果才能得到国际认可，也只有国际认可的科学研究成果才能为贸易争端交涉提供有力的证据。

（2）人才培养和人才体系的建立。一方面需要培养一批通晓国际贸易政策和国际法的专门人才，另一方面也需要培养具有较高水平的国际化基础科学研究人才，以求为国际贸易争端解决提供及时可靠的有力证据。各有关政府部门也应当积极考虑利用国际组织或发达国家的资源，来加强中国技术壁垒和贸易争端领域的人才体系建设。

（3）培育和发展供应链管理等现代物流管理方式。通过增强出口企业的战略经营和市场营销能力，加强和改善农产品和食品生产加工环节的食品安全管理，提高我国农产品和食品在国际市场上的质量竞争力。采用供应链管理等现代物流管理方式，有利于减少质量管理上的交易成本，改善出口农产品和食品的质量竞争力，达到改善食品安全管理的效果。

(4)“疫区”与“非疫区”的划定。应当高度重视和加强对动植物病虫害及传染病“疫区”和“非疫区”的划定，以避免非疫区甚至整个国家被其他国家认做疫区，使我国相关的农产品和食品出口贸易受阻。

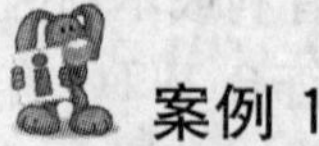

案例 1

“山寨版”进口食品事件

近年来，大量进口食品登陆中国市场。就在进口食品引发竞相购买、网上晒货的时尚风潮时，国家质检总局发布的洋货黑名单在社会上引起了不小的震动：仅 2008 年 1 月至 7 月，就有 2 719 批次不合格进境食品、化妆品被国人拒之门外。最近，在欧盟国家输华的多种食品中又相继检出质量安全问题。2008 年 12 月 17 日，有媒体报道称，在成都市区一些进口食品店，发现半数以上的洋食品外包装上，都没有贴上完整的中文标签，令其难逃“黑户口”或“山寨版”之嫌。不少超市都开辟了销售进口食品专区，但其中文标签和营养标签情况并不令人满意，60%以上的超市按规定张贴，而 40%的却忽略了。在成都市某超市进口食品专柜，同样也有个别进口食品既没有中文标签，也没有成分表，其中韩国“乐天蒙西派”、马来西亚超大特浓综合蔬菜大饼、美国“芭堤娅”听装红葡萄汁等食品没有标具体的食用方法和配料。据成都市工商部门负责人介绍，根据我国的相关法律法规，所有的进口预包装销售食品，入关以前必须加贴中文食品标签。但成都市工商局日前对流通环节洋食品进行拉网式全面检查时，抽查的 20 余种洋食品，其中 4 种的外包装上没有贴上完整的中文标签，经销商也提供不出合法的有关手续。面对五花八门的舶来洋食品，这位负责人认为，要打破消费者对洋产品的迷信，还需要呼吁大家理性消费。没有中文标志的所谓进口食品，就可能没有经过检验检疫部门检验。

解析

从境外进口的食品、食品添加剂以及食品相关产品应当符合进口国强制性食品安全标准，这是国际社会通行的做法，目的是保障进口国的食品安全。我国加入 WTO 后，世界各地的进口食品大量涌入中国市场，消费者如何识别这些食品，如何了解这些进口食品的名称、品质、营养成分和食用方法，以及如何选购这些进口食品等问题日益突出。规范进口食品标签是维持消费者知情权和选购权的重要手段，也是保障进口食品安全、卫生的有效方式，还可以防止由境外进口的食品中含有污染或有害因素对人体的伤害，维护我国食品安全管理和公共利益。

进口的预包装食品、食品添加剂应当有中文标签、中文说明。对于进口食品的标签，我国《进出口食品标签管理办法》第5条规定："进出口食品标签必须事先经过审核，取得《进出口食品标签审核证书》。"关于进出口食品标签审核的内容，《进出口食品标签管理办法》规定除标签的格式、版面以及标注的与质量有关的内容是否真实、准确外，还明确要求进口食品标签必须为正式中文标签。《食品安全法》第66条规定："进口的预包装食品应当有中文标签、中文说明书。标签、说明书应当符合本法以及我国其他有关法律、行政法规的规定以及食品安全国家标准的要求。载明食品的原产地以及境内代理商的名称、地址、联系方式。预包装食品没有中文标签、中文说明书或者标签、说明书不符合本条规定的，不得进口。"这里包含三层含义，一是进口的预包装食品、食品添加剂必须有中文标签和中文说明书，这主要是为了方便国内消费者购买进口食品、食品添加剂时能了解商品的主要成分、保质期限、使用或食用方法等。二是标签和说明书必须符合我国有关法律、行政法规的规定和食品安全国家标准的要求。如《食品标识管理规定》规定，在我国境内生产（含分装）、销售的食品的标识标注，必须使用规范的中文，但注册商标除外。《食品标识管理规定》第24条第2款规定："食品标志可以同时使用汉语拼音或者少数民族文字，也可以同时使用外文，但应当与中文有对应关系，所用外文不得大于相应的中文，但注册商标除外。"三是没有标签、说明书或者标签、说明书不符合法律规定的，不得进口。一方面，进口食品、食品添加剂必须有中文标签、中文说明书，这是我国法律的强制性规范，没有中文标签、中文说明书的外国食品、食品添加剂是不允许进口的。另一方面，进口食品、食品添加剂的中文标签、中文说明书必须符合我国法律规定。《食品安全法》第48条规定："食品和食品添加剂的标签、说明书，不得含有虚假、夸大的内容，不得涉及疾病预防、治疗功能。生产者对标签、说明书上所载明的内容负责。食品和食品添加剂的标签、说明书应当清楚、明显，容易辨识。食品和食品添加剂与其标签、说明书所载明的内容不符的，不得上市销售。"

进口不符合我国食品安全国家标准的食品、食品添加剂属于违法行为。在本案中，各大商店和超市销售的洋食品、食品添加剂由于没有中文标签和中文说明书，应该不可能通过正常的进口渠道进入我国，甚至可能是假冒伪劣食品。从我国对进口食品、食品添加剂的监督管理体制看，没有中文标识的所谓进口食品、食品添加剂，可能没有经过检验检疫部门检验，就有可能存在食品安全隐患。对这类进口食品、食品添加剂，必须依法追究相应的法律责任。《实施条例》第58条规定，进口不符合条例第40条规定的食品添加剂的，由出入境检验检疫机构没收违法进口的食品添加剂。违法进口的食品添加剂货值金额不足1万元的，并处2 000元以上5万元以下罚款；货值金额1万元以上的，并处货值金额2倍以上5倍以下罚款。

案例2

日本“水饺中毒”事件

2008年1月29日，日本兵库县警方公布了一条爆炸性消息：在中国河北天洋食品厂生产的速冻饺子中，检测出超标百余倍的高毒农药甲胺磷，因为食用毒饺子，该县有一家三口中毒。另外，距兵库县数百公里的千叶县，也有两家共7人中毒，症状最重的5岁女孩一度面临生命危险，这7名受害者所食饺子的包装袋内也检出严重超标的甲胺磷。最早关于毒饺子的报道是2007年12月28日，千叶县千叶市有对母女选择速冻饺子做晚餐，在食用该速冻饺子后母女二人均出现头晕、呕吐、腹泻等症状。被送到医院时，妈妈脸色发青，全身冰冷，体温一度降到34℃，连续两天动弹不得。2008年1月5日，这一幕在兵库县高砂市一家三口身上重演。1月22日，千叶县市川市又有一家五口吃饺子中毒，其中4人是儿童，病情最重的5岁女孩一度深度昏迷，徘徊在死亡线上。而肇事饺子，都是天洋食品厂所制，分别生产于2007年10月1日和10月20日。饺子由日本烟草公司（JT）的子公司JT食品进口后，卖给日本生活协同组合联合会进行销售。事故发生后，国家质检总局于1月31日派专家组急赴石家庄，从天洋食品厂抽取了涉事批次及相邻批次产品的30个样本，包括水饺、面粉、卷心菜、空白包装袋、水饺包装袋等，委托中国检验检疫科学研究院进行检测，结果是“未检出甲胺磷”。2月3日，国家质检总局进出口食品安全局副局长李春风等一行5人飞往日本调查，回国后把从日本采集的饺子样品交由中国检验检疫科学院检测，检测方法和检测仪器由中日共同确认，结果显示未检出甲胺磷和敌敌畏。2月28日上午，国务院新闻办公室举行新闻发布会，介绍日本“水饺中毒”事件调查进展情况，认为这不是一起因农药残留问题引起的食品安全事件，而是人为的个案。中毒事件发生后，本着对两国消费者高度负责的态度，有关部门从全国抽调侦查、检验等各方面专家，成立了专案组。查明此次中毒事件是一次投毒事件。犯罪嫌疑人吕月庭（男，36岁，河北省井陉县人，原天洋食品厂临时工），因对天洋食品厂工资待遇及个别职工不满，为报复泄愤在饺子中投毒，中国警方已将犯罪嫌疑人吕月庭抓捕归案。日方对此表示感谢。

解析

对出口食品实施卫生检验和监督管理具有重要意义。出口食品的卫生安全直接关系到进口该食品的国家消费者的身体健康和生命安全，影响到我国食品出口企业的商业信誉、商品声誉和国际竞争力，也直接关系到我国政府在国际社会的政治形象。对出口商品实施卫生检验和监督管理既是维护国际商品贸易秩序的需要，也是落实我国关于强化食品安全监管的法制精神。我国《进出口商品检验法》第2条规定："国务院设立进出口商品检验部门（以下简称国家商检部门），主管全国进出口商品检验工作。国家商检部门设在各地的进出口商品检验机构（以下简称商检机构）管理所辖地区的进出口商品检验工作。"1998年经国务院批准，决定将原国家进出口商品检验局、农业部动植物检疫局和卫生部检疫局合并，成立国家出入境检验检疫局，由海关总署管理，实现三检合一。2001年，为深化经济体制改革和加入WTO后进出口商品检验工作的需要，国务院决定将原国家质量技术监督局与国家出入境检验检疫局合并，成立国家质量监督检验检疫总局，直属国务院。

我国对出入境食品实施严格的检验检疫程序。《实施条例》第41条规定："出入境检验检疫机构依照食品安全法第62条规定对进口食品实施检验，依照食品安全法第68条规定对出口食品实施监督、抽检，具体办法由国家出入境检验检疫部门制定。"目前国家出入境检验检疫机构实行产地检验制度，即出口食品的发货人或其代理人应当按照出入境检验检疫机构规定的地点和期限，持同出口食品有关的外贸合同、发票、装货单、信用证等必要的证明向生产企业所在地的检验检疫机构报检。如果产地和出境口岸不一致，产地出入境检验检疫机构对出口食品检验合格后，由产地检验机构按照规定出具检验换证凭单，发货人或其代理人应当在规定的期限内持检验换证凭单和必要的凭证向口岸检验机构申请查验，口岸检验机构经查验对符合有关规定的，换发"出境货物通关单"。对符合进出口规定的食品，海关必须凭出入境检验检疫机构签发的通关证明放行。通关证明主要有：①出境货物通关单。出入境检验检疫机构与报关地一致时，海关凭借此单受理报关并验放货物。②出境货物换证凭单。出口食品产地的出入境检验检疫机构与出境报关地不一致时，产地出入境检验检疫机构签发出境换证凭单，供发货人或其代理人向口岸检验机构申请口岸查验，查验合格后，再由查验机构签发出境货物通关单供海关验收放行。③检验证书。检验证书是证明出口食品品质的法律文书，供贸易当事人交货、理赔、付款以及办理其他贸易手续。海关有权凭出入境检验检疫机构签发的出境货物通关单，为出口食品办理通关手续。对于经检验不合格的食品，由出入境检验检疫机构出具不合格证明。不合格食品依法可以进行技术处理的，应当在出入境检验检疫机构的监督下进行技术处理，经重新检验合格后，方准许出口。

向国外出口食品的中国企业需要接受来自中国和食品进口国有关进出口食品安全的双重监督。①要接受出入境检验检疫机构的监督、抽检。《食品安全法》第 68 条规定，出口的食品由出入境检验检疫机构进行监督和抽检，《实施条例》第 41 条规定，监督和抽检的办法由国家出入境检验检疫部门制定。出口食品必须经过出入境检验检疫机构的监督检验是食品能否出口的前提，只有经检验合格后的食品才可出口。食品检验的内容和方式视食品类型而异，如《进出境肉类产品检验检疫管理办法》第 28 条规定，“检验检疫机构应当按照本办法第 22 条的规定对出境肉类产品中微生物和有毒有害残留物质进行检测，并对企业的卫生状况进行监测”。②接受海关的验收放行。海关验收放行是能否顺利出口的关键环节。海关凭出入境检验检疫机构出具的通关证明，经查验属实后才允许食品出口。③必须向国家出入境检验检疫部门备案。出口食品企业备案制度是保证出口食品安全的重要保障。《食品安全法》第 68 条第 2 款明确规定：“出口食品生产企业和出口食品原料种植、养殖场应当向国家出入境检验检疫部门备案。”④必须满足食品进口国相关食品标准的规定。由于世界各国对食品安全标准的认定不同，因而在食品安全标准参数设定上存在很多差异。一些在国内属于安全的食品，在国外往往不能通过食品安全检验。譬如，媒体报道的“毒大米”毒倒日本农林水产省大臣事件，国家质检总局进出口食品安全局发言人指出，流通于日本的中国大米是日本农林水产省 2003 年前后进口的，当时日本未将甲胺磷列入检验项目，也未对甲胺磷进行检测。2006 年 5 月，日本开始实施“肯定列表制度”，规定食品甲胺磷含量不得超过 0.01 mg/kg，这批较早出口的大米按新标准难免成为不合格产品。为保障食品贸易的顺利进行，我国相关法律法规明确规定了出口食品必须考虑进口国或地区的食品标准。如《进出境肉类产品检验检疫管理办法》第 27 条规定：“出境肉类产品加工企业应当按照国家有关标准及输入国或者地区的要求，对微生物和有毒有害物质残留进行检测和自控。”

第六章　食品安全突发公共事件应急管理

第一节　食品安全事故的定义和分级

一、食品安全事故的定义

根据《食品安全法》的规定，食品安全事故是指食物中毒、食源性疾病、食品污染等源于食品，对人体健康有危害或者可能有危害的事故。如食品安全事故突然发生，造成或可能造成严重社会危害，需要采取应急处置措施予以应对则称为食品安全突发公共事件。食品安全突发公共事件的特点和特性如下：

1. 高度的压力和约束

事件爆发的偶然因素更大一些，几乎不具备一般事故发生前的征兆，时间非常紧迫，留给人们思考、决策、处置的时间非常短暂，要求人们必须在时间压力非常大的情况下作出果断和明确的决策，同时由于事件的突发性，使得人们总是在物质资源、技术力量、资金保障都非常紧缺的情况下去应对处理这些事件。

2. 严重的危害性

突发事件发生后，人们很难快速反应出这是一个什么样的事件，由什么原因造成，它将发生怎样的变化，会导致什么样的后果。事件的发生、发展以及演变的过程具有高度不确定性，如果没有高效的应急机制，往往难以掌握规律，局势难以控制，损失难以估量，造成严重社会危害。

二、食品安全事故的分级

按照《国家重大食品安全事故应急预案操作手册》分级办法，食品安全事故分为四级。

1. 特别重大食品安全事故（Ⅰ级）

（1）事故危害特别严重，对2个以上省份造成严重威胁，并有进一步扩散趋势的；

（2）超出事发地省级人民政府处置能力水平的；

（3）发生跨境（香港、澳门、台湾）、跨国食品质量安全事故，造成特别严重社会影响的；

（4）国务院认为需要由国务院或国务院授权有关部门负责处置的。

2. 重大食品安全事故（Ⅱ级）

（1）事故危害严重，影响范围涉及省内2个以上市（地）级行政区域的；

（2）造成伤害人数100人以上，并出现死亡病例的；

（3）造成10人以上死亡病例的；

（4）省级人民政府认定的重大食品安全事故。

3. 较大食品安全事故（Ⅲ级）

（1）事故影响范围涉及市（地）级行政区域内2个以上县级行政区域，给人民群众饮食安全带来严重危害的；

（2）造成伤害人数100人以上，并出现死亡病例的；

（3）市（地）级人民政府认定的较大食品质量安全事故。

4. 一般食品安全事故（Ⅳ级）

（1）事故影响范围涉及县级行政区域2个或2个以上乡镇，给人民群众饮食安全带来严重危害的；

（2）造成伤害人数30～99人，未出现死亡病例的；

（3）县级人民政府认定的一般食品安全事故。

第二节　我国食品安全突发公共事件应急管理体系

一、国家食品安全突发公共事件应急指挥机构及职责

1. 领导机构——国家食品安全突发公共事件应急领导小组和应急指挥部

特别重大食品安全事故发生后，根据需要成立由国务院副总理担任指挥长，各相关部门负责人组成的国家食品安全突发公共安全事件应急指挥部（以下简称国家应急指挥部），负责对全国特别重大食品安全事件应急处理工作的统一领导和指挥。根据《食品安全法》第4条规定，国务院设立食品安全委员会，其工作

职责由国务院规定。作为我国食品安全工作的权威机构，国家食品安全委员会应把统一领导、指挥、协调特别重大食品安全突发公共事件的应急处置工作作为自身的重要职责之一。一旦发生需要启动国家食品安全突发公共事件应急预案的特别重大食品安全事件后，国家食品安全委员会将立即承担起国家食品安全突发公共事件应急指挥部的职责，在国务院的直接领导下，负责特别重大食品安全公共突发事件应急处置工作的统一领导和指挥。指挥部成员单位可根据特别重大食品安全突发公共事件的性质和应急处理工作的需要进行调整和充实。国家食品安全突发公共事件应急处置指挥组织机构如图6—1所示。

2. 工作机构——国家食品安全突发公共事件应急指挥部办公室

作为我国食品安全的综合协调部门的卫生部，在食品安全突发公共安全事件应急处置工作方面，将承担起国家食品安全突发公共事件应急指挥部办公室职责，负责指挥部的日常工作，在国家食品安全突发公共事件应急指挥部的领导下，履行如下职责：

（1）组织开展特别重大食品安全突发公共事件的预警监测工作；

（2）组织开展对特别重大食品安全突发公共事件及跨省、跨部门的重大食品安全突发公共事件调查工作，并及时向国家指挥部提出处理意见和建议；

（3）根据应急管理工作需要，组织有关部门和专家开展相关技术鉴定等工作；

（4）负责汇总、分析特别重大食品安全突发公共事件信息，及时报告应急指挥部，通报指挥部成员单位，并根据需要向社会统一发布特别重大食品安全突发公共事件相关信息；

（5）督促有关部门及地方政府履行职责，经国务院授权，组织督察组对特别重大食品安全突发公共事件及跨省、跨部门的重大食品安全突发公共事件进行情况、原因及责任调查；

（6）承担国家食品安全突发公共安全事件应急指挥部的日常工作。

3. 国家应急指挥部主要成员单位在食品安全突发公共事件应急管理中的职责

（1）农业部。农业部作为农产品质量安全监管部门，在食品安全突发公共安全事件应急管理工作中应履行如下职责：

1）在国家食品安全突发公共事件应急指挥部的领导下，负责对特别重大农产品质量安全事件开展应急处置工作；

2）负责开展对跨省的重大农产品质量安全事件做应急处置工作；

3）根据部门职能，组织有关单位和专家开展相关技术鉴定等工作；

4）根据有关规定及时向国家食品安全突发公共事件应急指挥部办公室（卫

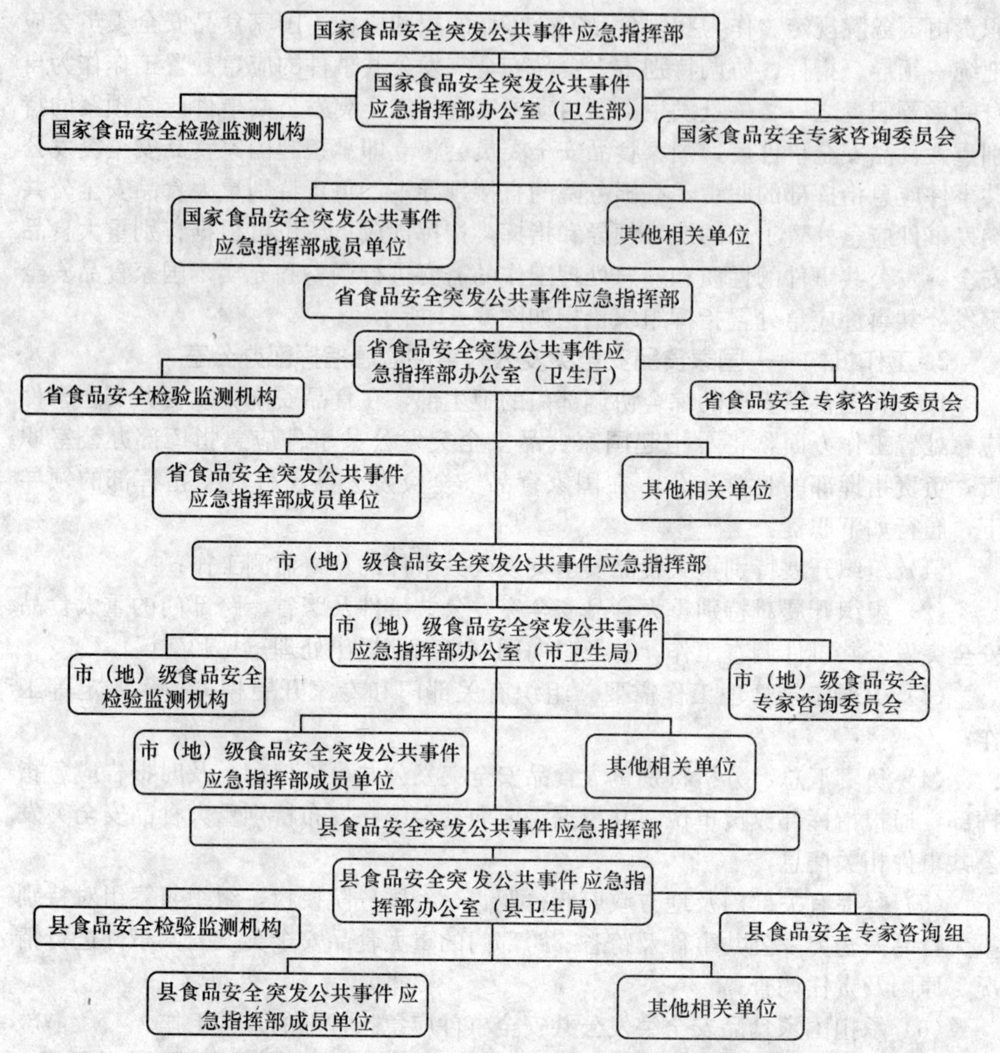

图 6—1 国家食品安全突发公共事件应急处置指挥组织机构图

注：①乡镇及以下行政区域食品安全突发公共事件由乡镇府按制定的应急预案处置；②企业、学校等单位应制定食品安全突发公共事件应急预案，如发生食品安全事故，按预案实施。

生部）报送相关重要信息，向其他相关部门通报重要信息；

5）承担国家食品安全突发公共事件应急指挥部交办的其他工作。

（2）国家质检总局。作为生产加工环节食品安全监管部门，国家质检总局在食品安全突发公共事件应急管理工作中应履行如下职责：

1）在国家食品安全突发公共事件应急指挥部的领导下，负责生产加工环节及进出口特别重大食品质量安全事件的应急处置工作；

2）负责开展对跨省的生产加工环节重大食品安全事件、进出口食品质量安全事件的应急处置工作；

3）根据部门职能，组织有关单位和专家开展相关技术鉴定等工作；

4）根据有关规定及时向国家食品安全突发公共事件应急指挥部办公室（卫生部）报送相关重要信息，向其他相关部门通报重要信息；

5）承担国家食品安全突发公共事件应急指挥部交办的其他工作。

（3）国家工商总局。作为流通环节食品安全监管部门，国家工商总局在食品安全突发公共安全事件应急管理工作中应履行如下职责：

1）在国家食品安全突发公共事件应急指挥部的领导下，对流通环节特别重大食品安全事件开展应急处置工作；

2）负责开展对跨省的流通环节重大食品安全事件的应急处置工作；

3）根据部门职能，组织有关单位和专家开展相关技术鉴定等工作；

4）根据有关规定及时向国家食品安全突发公共事件应急指挥部办公室（卫生部）报送相关重要信息，向其他相关部门通报重要信息；

5）承担国家食品安全突发公共事件应急指挥部交办的其他工作。

（4）国家食品药品监督管理局。作为餐饮消费环节食品安全监管部门，国家食品药品监督管理局在食品安全突发公共安全事件应急管理工作中应履行如下职责：

1）在国家食品安全突发公共事件应急指挥部的领导下，负责开展对餐饮消费环节特别重大食品安全事件的应急处置工作；

2）负责开展对跨省的餐饮环节重大食品安全事件的应急处置工作；

3）根据部门职能，组织有关单位和专家开展相关技术鉴定等工作；

4）根据有关规定及时向国家食品安全突发公共事件应急指挥部办公室（卫生部）报送相关重要信息，向其他相关部门通报重要信息；

5）承担国家食品安全突发公共事件应急指挥部交办的其他工作。

二、地方各级重大食品安全突发公共事件应急指挥机构及职责

1．省级食品安全突发公共事件应急指挥机构及职责

（1）领导机构。省级重大食品安全突发公共事件应急领导小组和指挥部由省人民政府分管领导任指挥长、各相关部门负责人组成的省级食品安全突发公共事件应急指挥部将在省政府的直接领导下，负责全省重大食品安全公共突发事件应

急处置工作的统一领导和指挥，指挥部成员单位可根据食品安全公共突发事件的性质和应急处理工作的需要进行调整和充实。

（2）工作机构。省应急指挥部办公室。省应急指挥部办公室一般设在省卫生厅，负责指挥部的日常工作。其主要职责如下：

1）根据重大食品安全事件的发生及发展情况，达到启动国家食品安全突发公共事件应急预案的标准时，经请示应急指挥部同意后，向国家食品安全突发公共事件应急指挥部办公室报告，建议启动国家特大食品安全突发公共安全事件应急救援预案。

2）配合国家食品安全突发公共事件应急指挥部及国家有关部门，做好本省内特大食品安全事故的应急处置工作；

3）组织开展省内重大食品安全事故的应急处置工作；

4）组织开展对省内跨地区、跨部门的较重大食品安全事故的应急处置工作；

5）根据应急处置工作需要，组织有关部门和专家开展相关技术鉴定等工作；

6）根据有关规定及时向省人民政府及国家食品安全突发公共事件应急指挥部办公室（省卫生厅）报送相关重要信息，向其他相关部门通报重要信息，统一向社会发布省内重大食品安全突发公共安全事件的重要信息；

7）督促有关部门及地方政府履行职责，经省人民政府授权，组织督察组对省内重大食品安全事件进行情况、原因及责任调查；

8）承担省应急指挥部的日常工作。

（3）省应急指挥部主要成员单位在食品安全突发公共事件应急管理中的职责。

1）省农业厅。主要职责是在省应急指挥部的统一领导下，做好如下工作：

①配合国家食品安全突发公共事件应急指挥部办公室及国家有关部门，做好本省内特大农产品质量安全事故的应急处置工作；

②负责对省内重大农产品质量安全事故、跨地区的较大农产品质量安全事故的应急处置工作；

③组织有关单位和专家开展相关技术鉴定等工作；

④根据有关规定及时向省应急指挥部办公室（省卫生厅）、农业部报告相关重要信息，并同时向同级有关部门通报；

⑤承担省应急指挥部交办的其他工作。

2）省质监局。主要职责是在省应急指挥部的统一领导下，做好如下工作：

①配合做好省内生产加工环节特别重大食品质量安全事故应急处置工作；

②负责开展对省内生产加工环节重大食品安全事故、跨地区的生产加工环节

较大食品安全事故的应急处置工作；

③根据部门职能，组织有关单位和专家开展相关技术鉴定等工作；

④根据有关规定及时向省应急指挥部办公室（省卫生厅）、国家质检总局报告相关重要信息，同时向同级有关部门进行通报；

⑤承担省应急指挥部交办的其他工作。

3）省工商局。主要职责是在省应急指挥部的统一领导下，做好如下工作：

①配合做好流通环节特别重大食品质量安全事故应急处置工作；

②负责开展省内流通环节重大食品安全事故、跨地区的流通环节较大食品安全事故的应急处置工作；

③根据部门职能，组织有关单位和专家开展相关技术鉴定等工作；

④根据有关规定及时向省应急指挥部办公室（省卫生厅）、国家工商总局报告相关重要信息，并同时向同级有关部门通报；

⑤承担省应急指挥部交办的其他工作。

4）省食品药品监督管理局。主要职责是在省应急指挥部的统一领导下，做好如下工作：

①配合做好餐饮消费环节特别重大食品安全事故的应急处置工作；

②负责开展省内餐饮消费环节重大食品安全事故、跨地区的餐饮环节较大食品安全事故的应急处置工作；

③根据部门职能，组织有关单位和专家开展相关技术鉴定等工作；

④根据有关规定及时向省应急指挥部办公室（省卫生厅）、国家食品药品监督管理局报告相关重要信息，并同时向同级有关部门通报；

⑤承担应急指挥部交办的其他工作。

2. 市（地）、县级食品安全突发公共事件应急指挥机构及职责

市（地）、县级食品安全突发公共事件应急指挥机构及职责比照省级应急指挥机构模式组建和确定。

三、专家咨询机构和专业技术机构

1. 专家咨询委员会

各级食品安全委员会建立由食品安全、疾病预防控制、突发公共安全应对等领域的专家组成的重大食品安全事故专家库，在重大食品安全事故发生后，从专家库中确定相关专业专家，组建重大食品安全事故专家咨询委员会对重大食品安全事件应急工作提出咨询和建议，进行技术指导，必要时参加对事故的调查。

2. 专业技术机构

(1) 疾病预防控制机构。发生食品安全事故，县级以上疾病预防控制机构应当协助卫生行政机构和有关部门对事故现场进行卫生处理，应在第一时间赶赴现场，按照食品安全事故处理的有关规定和工作流程协助开展食品安全事故现场调查处理工作，包括病人排泄物等生物样品、可疑中毒食品及其原料以及相关物品样品的采集、现场的清洗消毒等控制食品安全事故蔓延的技术控制措施；涉及行政性强制措施的，则提出相关建议，由卫生行政部门和有关食品安全监管部门下达执行。同时，疾病预防控制机构还应就发病原因、发病情况、疾病流行的可能因素、病例判定等流行病学调查，为食品安全事故的判定、危害程度和波及范围、发展趋势、预防控制等提供科学依据。

(2) 食品安全检验检测机构。重大食品安全事故的技术鉴定工作必须由具有相应资质条件的机构承担。当发生重大食品安全事故时，应急指挥部或其办公室应委托有资质的检测机构，承担采集样本、按标准实施检测等技术鉴定工作，为重大食品安全事故定性提供科学依据。当前我国食品安全检测机构分布到农业、质检、卫生、食品药品监管等部门，不同程度存在有重复投入、检测指标交叉、检测技术较落后等问题，应进一步进行整合，形成我国权威的食品安全检验检测体系。

第三节　食品安全突发公共事件的应急处置

一、食品安全事故的报告和通报

1. 法定报告人

(1) 发生食品安全事故的单位：

1) 食品安全事故病人所在的单位；

2) 导致食品安全事故的食品生产经营单位。

(2) 接收病人进行治疗的单位（如多家医疗机构同时接收食品安全事故病人的，各医疗机构同为食品安全事故法定报告人）；

(3) 农业行政、质量监督、工商行政管理、食品药品监督管理部门；

(4) 县级以上人民政府以及卫生行政部门。

2. 报告对象

(1) 发生食品安全事故的单位和接收病人进行治疗的单位应当向事故发生地

县级卫生行政部门报告。

（2）农业行政、质量监督、工商行政管理、食品药品监督管理部门应当向同级卫生行政部门通报。

（3）卫生行政部门应当向同级人民政府和上级卫生行政部门报告；人民政府则向上级人民政府报告。

3. 食品安全事故的报告时限和报告内容

（1）事故发生单位。事故发生单位应当在食品安全事故发生后的 2 小时内，向所在地县级人民政府卫生行政部门报告。报告内容包括发生食品安全事故的单位、地址、时间、中毒人数、可疑食物等有关内容。

（2）治疗单位。接收病人进行治疗的单位发现其接收的病人为食源性病人、食物中毒病人，或者疑似食源性病人、疑似食物中毒病人的，应当在自接收病人起 2 小时内向所在地县级人民政府卫生行政部门报告。报告内容包括发生食品安全事故的单位、地址、时间、中毒人数、可疑食物等有关内容。

（3）农业行政等政府有关部门。农业行政、质量监督、工商行政管理、食品药品监督管理部门在日常监督管理中发现食品安全事故，或者接到有关食品安全事故的举报，应当立即向同级卫生行政部门通报。通报内容包括未经调查确认的食品安全事故或存在隐患的相关信息来源、危害范围、事件性质的初步判定和拟采取的措施。

（4）卫生行政部门。发生重大食品安全事故，接到报告的县级卫生行政部门应立即向本级人民政府和上级人民政府卫生行政部门报告，并随时报告事态进展情况。事故发生所在地不在同一行政区域，接到报告的县级卫生行政部门应当向有管辖权的卫生行政部门通报。报告内容包括事件名称、发生地点、发生时间、涉及人群或潜在的威胁和影响、报告联系单位人员及通信方式以及事件性质、涉及范围、危害程度、可能原因、已采取的措施、病例发生和死亡的分布、可能发展趋势等内容。

（5）人民政府。县级人民政府应当在接到报告后 2 小时内向上级人民政府报告。报告内容包括时间、地点、信息来源、事件性质、影响范围、事件发展趋势和已经采取的措施等。

二、食品安全事故的紧急处置措施

食品安全事故发生后，事故发生地的事故发生单位、治疗单位、农业行政、质量监督、工商行政、食品药品监督管理等政府有关部门、县级以上人民政府及卫生行政部门要立即采取处置措施，防止事故扩大。

事故发生地包括发生食品安全事故病人的所在地、造成食品安全事故单位的所在地以及接收病人进行治疗的医疗机构的所在地。

1. 食品安全事故应急处置措施

(1) 事故发生单位。事故发生单位包括食品安全事故病人所在的单位和导致食品安全事故的食品生产经营单位。

突发食品安全事故发生后，发生食品安全事故的单位应当立即予以处置，防止事故扩大。应当按照本单位的食品安全事故处置方案，采取如下应急处置措施：

1) 立即停止生产经营活动；

2) 立即封存导致或者可能导致食品安全事故的食品及其原料、工具、设备和现场；

3) 采集有关食品及其原料样品；

4) 立即召回导致或者可能导致食品安全事故的食品；

5) 立即抢救受害人。密切关注已食用人员，一旦出现不适症状的，立即送至医疗单位救治；

6) 按照卫生行政部门的要求采取控制措施。

(2) 治疗单位。接收病人进行治疗的单位要采取如下应急处置措施：

1) 提供医疗救护；

2) 做好与食品安全事故相关特效药品的储备；

3) 详细询问病史，登记发病时间，制作完整的病历记录；

4) 保存病人的血清、呕吐物、排泄物等临床样品。

(3) 农业行政等政府有关部门。突发食品安全事故发生后，事发地农业行政、质量监督、工商行政管理、食品药品监督管理部门要配合县级以上卫生行政部门进行调查处理。

(4) 卫生行政部门。县级以上卫生行政部门在接到食品安全事故的报告后，应当立即会同农业行政、质量监督、工商行政管理、食品药品监督管理部门进行调查处理，立即组织进行现场调查确认，及时采取防止或者减轻社会危害的措施。

1) 应急救援。食品安全事故造成人员伤害的，应当立即组织力量开展应急救援工作，救治人员应当立即赶赴现场，开展医疗救治工作。需要住院救治的，应当及时送往医院进行救治；如果病情严重，需要转院治疗的，应当及时办理。

2) 对污染食品及原料采取措施。应当封存可能导致食品安全事故的食品及其原料，防止其扩散，并立即进行检验。对经过检验确认属于被污染的食品及其原料，由质量监督、工商行政管理、食品药品监督管理部门依法责令食品生产经营者予以召回、停止经营并销毁。

3）对食品用工具及用具进行消毒。应当封存被污染的食品用工具及用具，防止其继续使用，并责令食品生产经营者按照要求进行清洗消毒。

4）食品安全事故现场卫生处理和流行病学调查的规定。食品安全事故发生以后，事发地疾病预防控制机构应当在第一时间赶赴现场，按照食品安全事故处理的有关规定和工作流程协助开展食品安全事故现场调查处理工作，包括病人排泄物等生物样品、可疑中毒食品及其原料以及相关物品样品的采集、现场的清洗消毒等控制食品安全事故蔓延的技术控制措施；涉及行政性强制性措施的，则提出相关建议，由卫生行政部门或者和有关食品安全监督管理部门下达，同时开展流行病学调查。

5）发布消息。认真做好信息发布工作，依照《政府信息公开条例》以及其他有关法律、法规的规定，应当向社会公开有关食品安全事故及其处理情况的信息，并对可能产生的危害加以解释、说明，避免引起消费者恐慌。信息发布应当及时主动、准确把握，实事求是，正确引导舆论，注重社会效果。

(5）人民政府。突发食品安全事故发生后，人民政府应当针对其性质、特点和危害程度，立即组织有关部门，调动应急救援队伍和社会力量，依照有关法律、法规、规章的规定采取应急处置措施。

三、重大食品安全事故应急预案启动

发生重大食品安全事故的县级以上人民政府应当立即成立食品安全突发公共事件应急指挥机构，启动应急预案，依照食品安全法规定的应急处置措施及时处置。按照国务院国家重大食品安全事故应急预案的规定，地方各级人民政府根据事故的严重程度启动相应的应急预案，超出本级应急救援处置能力时，及时报请上一级政府和有关部门启动相应的应急预案。如在县级发生了特别重大食品安全事故，县级人民政府在启动本级预案同时，应报请市（地）级政府启动市（地）级预案；市（地）级政府应报请省政府启动省级预案；省政府应报请国务院和国家重大食品安全突发公共事件应急指挥部，启动国家重大食品安全事故应急预案。

四、重大食品安全事故责任调查

发生重大食品安全事故，设区的市级以上人民政府卫生行政部门应当立即会同有关食品安全监管部门开展食品安全事故原因、影响范围等调查的同时，根据食品安全事故发生的环节，应当立即会同相关食品安全监管部门（如农业行政、质量监督、工商行政管理或者食品药品监督管理部门）开展事故责任调查，收集相关证据，查明事故的主要和次要责任单位以及相关人员。还应该查明负有食品安全监督管理和认证职责的监督管理部门、认证机构及相关工作人员的责任。发现存在不依法履行职责行为的，应当督促有关食品安全监督管部门依法履行法定职责和法定义务。根据责任调查结果，提出处理意见，并向本级人民政府提出责任调查和处理意见报告。

五、突发食品安全事故的应急响应

根据食品安全事故的分级，食品安全事故的应急响应也分为特别重大食品安全事故应急响应（Ⅰ级）、重大食品安全事故应急响应（Ⅱ级）、较大食品安全事故应急响应（Ⅲ级）、一般食品安全事故应急响应（Ⅳ级）。食品安全突发公共事件应急管理的流程如图 6—2 所示。

Ⅰ级应急响应由国家重大食品安全事故应急指挥部或办公室组织实施。其中，重大食物中毒的应急响应与处置按《国家突发公共卫生事件应急预案》组织实施。事发地人民政府应当在国家重大食品安全事故应急指挥部领导和统一指挥下，按照一级响应的相应的要求组织救援，并及时报告救援工作进展情况。

Ⅱ级以下应急响应行动的组织实施由省级人民政府决定。各省（区、市）人民政府在国家应急指挥部的统一领导和指挥下，结合本地区的实际情况，组织协调市（地）、县（区）人民政府开展重大食品安全事故的应急处置工作。

重大食品安全事故发生后，地方各级人民政府及有关部门应当根据事故发生情况，及时采取必要的应急措施，做好应急处置工作。

1. 特别重大食品安全事故应急响应（Ⅰ级）

进入Ⅰ级响应后，国家应急指挥部办公室及有关专业应急救援机构立即按照预案组织相关应急救援力量，支持地方政府组织实施应急救援。

国家应急指挥部办公室根据特别重大食品安全事故的情况，协调有关部门及其应急机构、救援队伍和事发地毗邻省（区、市）人民政府应急救援指挥机构，相关机构按照各自应急预案提供增援或保障，有关应急队伍在现场应急救援指挥部统一指挥下，密切配合，共同实施救援和紧急处理行动。

事发地省级人民政府负责成立现场应急指挥机构，在国家应急指挥部或者指挥部工作组的指挥或指导下，负责现场应急处置工作；现场应急指挥机构成立前，先期到达的各应急救援队伍和事故单位的救援力量必须迅速、有效地实施先期处置；事故发生地人民政府负责协调，全力控制事态发展，防止次生、衍生和

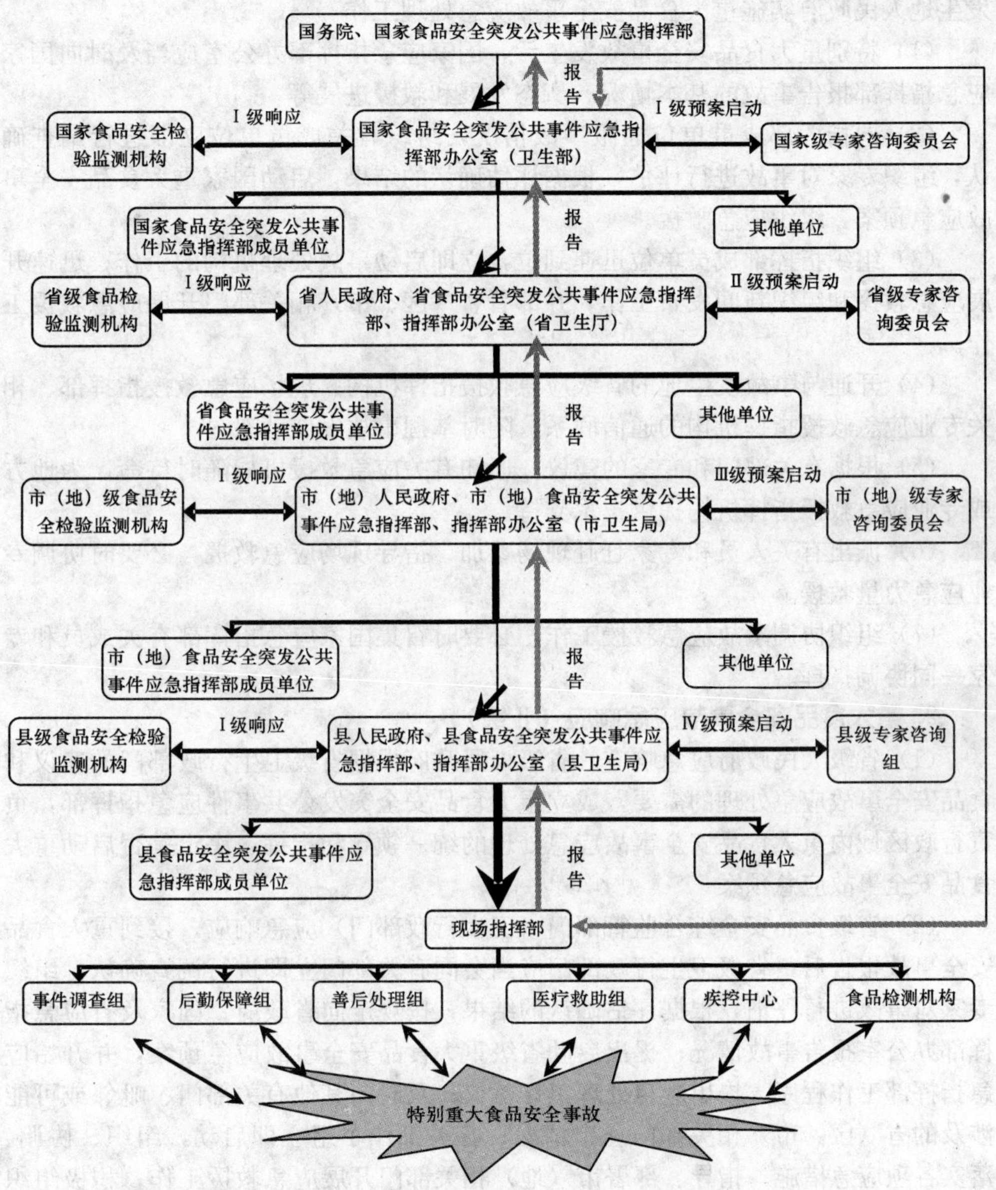

图 6—2　食品安全突发公共事件应急管理流程图

耦合事故（事件）发生，果断控制或切断事故危害链。

重大食品安全事故应急预案启动后，上一级应急指挥部办公室应当指导事故发生地人民政府实施重大食品安全事故应急处理工作。

(1) 特别重大食品安全事故发生后，国家应急指挥部办公室应当及时向国家应急指挥部报告事故的基本情况、事态发展和救援进展等。

(2) 向指挥部成员单位通报事故情况，组织有关成员单位立即进行调查确认，组织专家对事故进行评估，根据评估确认的结果，启动国家重大食品安全事故应急预案，组织应急救援。

(3) 组织指挥部成员单位迅速到位，立即启动事故处理机构的工作；迅速开展应急救援和组织新闻发布工作，并部署省（区、市）相关部门开展应急救援工作。

(4) 开通与事故发生地的省级应急救援指挥机构、现场应急救援指挥部、相关专业应急救援指挥机构的通信联系，随时掌握事故发展动态。

(5) 根据有关部门和专家的建议，通知有关应急救援机构随时待命，为地方或专业应急救援指挥机构提供技术支持。

(6) 派出有关人员和专家赶赴现场参加、指导现场应急救援，必要时协调专业应急力量救援。

(7) 组织协调事故应急救援工作，必要时召集国家应急指挥部有关成员和专家一同协调指挥。

2. 重大食品安全事故应急响应（Ⅱ级）

(1) 省级人民政府应急响应。省级人民政府根据省级卫生行政部门的建议和食品安全事故应急处理的需要，成立重大食品安全突发公共事件应急指挥部，负责行政区域内重大食品安全事故应急处理的统一领导和指挥，决定是否启动重大食品安全事故应急预案。

(2) 省级食品安全综合监管部门（卫生行政部门）应急响应。接到重大食品安全事故报告后，省级卫生行政部门应当会同有关部门立即进行调查确认，组织专家对事故进行评估，根据评估确认的结果，按规定向省政府、国家及省应急指挥部办公室报告事故情况；提出启动省级重大食品安全事故应急预案，并开始应急指挥部工作程序，提出应急处理工作建议；及时向其他有关部门、毗邻或可能涉及的省（区、市）相关部门通报情况；有关工作小组立即启动，组织、协调、落实各项应急措施；指导、部署市（地）相关部门开展应急救援工作；积极组织有关部门开展事故的调查、督察工作，以确定事故的情况、原因和责任。

(3) 农业行政、质量监督、工商行政管理、食品药品监督管理等部门应急响应。重大食品安全事故发生后，省级农业行政、质量监督、工商行政管理、食品药品监督管理及有关部门应当根据事故发生情况，及时采取必要的应急措施，在省应急指挥部的领导下，配合省卫生行政部门做好应急处置工作。

（4）省级以下地方人民政府应急响应。重大食品安全事故发生地人民政府及有关部门在省级人民政府或者省应急指挥部的统一指挥下，按照Ⅱ级响应的要求认真履行职责，落实有关工作。

3. 较大食品安全事故应急响应（Ⅲ级）

（1）市（地）级人民政府应急响应。市（地）级人民政府负责组织发生在本行政区域内的较大食品安全事故的统一领导和指挥，根据市（地）卫生行政部门的报告和建议，决定启动较大食品安全事故应急预案并开展相应的应急处置工作。

（2）市（地）级卫生行政部门应急响应。接到较大食品安全事故报告后，市（地）级卫生行政部门应当组织农业行政、质量监督、工商行政管理、食品药品监督管理等部门立即进行调查确认，对事故进行评估，根据评估确认的结果，按规定向同级政府和市（地）级应急指挥部报告事故情况；提出启动市（地）级较大食品安全事故应急预案并开展相应的应急救援工作，提出应急处理工作建议；及时向其他有关部门、毗邻或可能涉及的市（地）相关部门通报有关情况；相应工作小组立即开展工作，组织、协调、落实各项应急措施；指导、部署相关部门开展应急救援工作。

（3）省级应急指挥部办公室及省级食品安全监管部门的职责。加强对市（地）级应急指挥部办公室（卫生局）和其他食品安全监管部门应急救援工作的指导、监督，协助解决应急救援工作中的困难。

4. 一般食品安全事故应急响应（Ⅳ级）

一般食品安全事故发生后，县级人民政府和县应急指挥部负责组织有关部门开展应急救援工作。县级卫生行政部门接到事故报告后，应当立即组织有关部门调查、确认和评估；及时采取措施控制事态发展；按规定向同级人民政府和上级应急指挥部办公室报告，提出是否启动应急救援预案；有关事故情况应当同时向同级相关部门通报。

市（地）级应急指挥部办公室及市（地）级食品安全监管部门应当对事故应急处理工作给予指导、监督和有关方面的支持。

5. 响应的升级与降级

当重大食品安全事故随时间发展进一步加重，食品安全事故危害特别严重，并有蔓延扩大的趋势，情况复杂难以控制时，应当上报上级重大食品安全事故应急指挥部审定，及时提升预警和反应级别；对事故危害已迅速消除，并不会进一步扩散的，重大食品安全事故应急指挥部办公室应当上报上级应急指挥部审定，相应降低反应级别或者撤销预警。

6. 应急响应终止

重大食品安全事故隐患或相关危险因素消除后，事故应急救援终结，应急救援队伍撤离现场。应急指挥部办公室组织有关专家进行分析论证，经现场检测评价确无危害和风险后，提出终止应急响应的建议，报应急指挥部批准宣布应急响应结束。

六、突发食品安全事故的后期处置

1. 善后处置

（1）突发重大食品安全事故结束后，各级卫生行政部门应当在本级人民政府的领导下，组织有关人员和专家对事件的处理情况进行评估，评估内容主要包括事件概况、现场调查处理概况、病人救治情况、所采取措施的效果评价、应急处理过程中存在的问题和取得的经验及改进建议。评估报告上报本级人民政府和上一级人民政府卫生行政主管部门。

（2）要积极稳妥、深入细致地做好善后处置工作。对突发食品安全事故中的伤亡人员、应急处置工作人员，以及紧急调集、征用有关单位及个人的物资，要按照规定给予抚恤、补助或补偿，并提供心理及司法援助。有关部门要做好疫病防治和环境污染消除工作。保险监管机构督促有关保险机构及时做好有关单位和个人损失的理赔工作。

（3）造成重大食品安全事故的责任单位和责任人应当按照有关规定对受害人给予赔偿。

2. 责任追究和表彰

（1）突发食品安全事故应急处置工作实行责任追究制。对突发食品安全事故应急管理工作中作出突出贡献的先进集体和个人要给予表彰和奖励。

（2）对在突发食品安全事故的预防、通报、报告、调查、控制和处理过程中，有玩忽职守、失职、渎职等行为的，依据有关法律法规追究有关责任人的责任。

3. 总结报告

突发食品安全事故善后处置工作结束后，事发地人民政府应急指挥部应总结分析应急救援经验教训，提出改进应急救援工作的建议，完成应急救援总结报告并及时上报。总结内容包括应急基本情况、组织体系建设、应急运行机制、应急保障、改进日常市场监管措施的建议等方面的情况。通过应急处理，建立健全相关制度，形成长效监管机制，提高食品安全监管水平。

第四节　食品的召回

一、食品召回的定义、意义及分级

1. 食品召回的定义

所谓食品召回，是指由食品生产商、进口商或经销商按照规定程序，通过换货、补充或修正消费说明等方式，及时消除或减少食品安全危害的活动。为防患于未然，强化食品生产者作为食品安全第一责任人的责任，世界上很多国家都建立了食品召回制度。2007 年，国家质量监督检验检疫总局公布《食品召回管理规定》，建立起我国的食品召回制度。在市场经济条件下，建立食品召回制度意义重大，既有利于保障消费者的身体健康和生命安全，体现食品生产经营者是保障食品安全的第一责任人的责任，也有利于规范政府的食品安全监管职能，提高政府食品安全监管的效率，维护社会稳定。

2. 食品召回的意义

食品召回制度有三方面意义：一是防患于未然，充分保障消费者的身体健康和生命安全；二是体现食品生产经营者是保障食品安全的第一责任人；三是提高政府的监管效能，在已发生或可能发生食品安全事故时，通过召回的积极措施，变被动为主动，防止问题的进一步扩大，切实保护人民的身体健康和生命安全。

3. 食品召回的分级

根据食品安全危害的严重程度，食品召回可分为三级：

（1）一级召回。已经或可能诱发食品污染、食源性疾病等对人体健康造成严重危害甚至死亡的，或者流通范围广、社会影响大的不安全食品的召回。

（2）二级召回。已经或可能引发食品污染、食源性疾病等对人体健康造成危害，危害程度一般，或流通范围较小、社会影响较小的不安全食品的召回。

（3）三级召回。已经或可能引发食品污染、食源性疾病等对人体健康造成危害，危害程度轻微的，或含有对特定人群可能引发健康危害的成分而在食品标签和说明书上未予以标志，或标志不全、不明确的食品。

二、国外食品召回的情况及启示

1. 美国、英国的食品召回情况

在美国、英国，对人体造成损害，或者可能造成损害，或者不符合技术、质量标准的食品被称为“问题食品”。但是，对于市场上出现的“问题食品”，并不是完全靠政府组织打击或没收来解决的，这因为，即使在发达国家，“问题食品”也屡见不鲜，防不胜防；政府即使全力以赴，也仍然无法解决问题。在美国、英国，大量的“问题食品”是通过生产企业或经销企业主动“召回”措施来销毁的。

在美国和英国负责食品安全国家机构的网站上，经常会刊登被召回的食品信息。食品召回可能是企业的自发行为，或者是应国家食品安全监管机构的要求进行的，（美国的FDA，英国的食品标准局等）企业如拒绝召回，食品就会被扣留或没收。执法机构通过如下方式来落实食品召回制度：一是生产企业或销售商主动通报其食品可能带来的危害，二是监管机构抽样检查发现的问题，三是现场检查发现的问题，如假冒伪劣等，四是国家有关部门发现的流行病涉及的食品安全问题。一旦作出召回决定，监管机构就会在官方网站上以“新闻”和“召回通知”两种途径发布。涉及“召回”的新闻通过销售地的媒体发布。

美国农业部食品安全检验局召回委员会把“召回食品”按危险性大小分成三个等级：一级为危险甚至致病的食品，二级是指食用后可能会对健康造成伤害，但可能性很小的食品，三级则包括一般不会对健康造成损害的食品。为保证“召回”实质有效，食品安全检验局还配备“执行部”，对生产销售商的召回行为充分检查和核实，以确保召回行动最终得到落实。各州主管食品安全的机构，通过实施自愿和强制的“召回”制度，加强了食品生产和销售企业的责任感。既给“无意”生产销售问题食品的企业留出自己解决问题的余地，又使“有意”生产、销售问题食品的企业经济上得不偿失。如果不服从政府强制召回的命令，不但问题食品被没收，相关企业也将受到更严厉的经济处罚。而且，召回行动消耗大量的财力物力人力，迫使食品生产企业和销售商对食品质量安全必须小心翼翼，始终不敢掉以轻心，以此有力地推动企业内部对食品生产和流通建立严密的质量管理体系。

2. 加拿大食品召回情况

食品召回制度是加拿大处理食品安全事件，保障消费者安全与市场公平竞争的重要手段。加拿大食品召回工作由政府与企业共同完成。政府的主要任务是决定、通知和核实企业实施食品召回，而企业是制订召回方案和实施召回行动的主体。加拿大食品召回一般采用企业自动召回的非强制方式。但如果企业不配合，而问题食品的确会给消费者和社会造成不利影响或威胁时，政府有权将产品强制召回，强制召回的命令由主管部长下达。绝大多数企业会积极支持食品检验局的召回工作，有的企业会主动将问题食品下架收回，以维护企业的形象和信誉。加拿大食品召回一年达 300～400 起，而 1999—2007 年这 8 年中，只发生 7 次强制召回事件，占事件总数的 0.2%左右。

在加拿大，食品召回由食品检验局召回办公室、决策和执行。该办公室有很多经验丰富的食品召回专家，在召回项目经理的领导下工作。召回项目经理向办公室主任负责和汇报工作。而办公室主任根据专家和经理的报告最终作出是否召回的决定。为科学及时地完成食品召回工作，加拿大食品检验局与加拿大卫生部、公共卫生健康机构以及企业等建立了长期合作机制。

加拿大食品召回程序从启动到完成要经历五个步骤：一是调查确认危害性存在，二是确定风险管理战略，三是实施召回并在必要时进行新闻发布，四是核实召回工作的有效性，五是持续跟踪检测。加拿大将食品召回按危险性和紧迫性分为三级，这点与美国和英国接近。

三、我国食品召回的程序

根据食品召回程序的启动方式，我国食品召回可分为食品生产者主动召回和食品安全监管部门强制召回两种。

1. 主动召回

(1) 主动召回包括两种情况。一是食品生产经营者发现其生产经营的食品不符合食品安全标准，这样的食品存在安全隐患，应立即停止生产，召回已经上市销售的食品，并通知相关的经营者停止经营，通知消费者停止消费。二是食品生产经营者认为需要召回的食品不一定存在质量安全问题，但可能不符合我国法律的相关规定。

(2) 食品生产者应记录食品召回和通知的情况。例如食品召回的批次、数量、通知的方式、范围等。

(3) 食品生产者对于召回的食品必须按照不危及或不损害人体健康和生命安全的方式进行处理。一般有三种处理方式：一是无害化处理。无害化处理是指以物理、化学或生物方法，对被污染的农产品和食品进行适当处理，防止不符合农产品质量安全标准的农产品和不安全的食品流入市场和消费领域，确保其对人类健康、对动植物和微生物安全、对环境不构成危害或潜在危害。二是销毁。销毁主要是指对染疫或可能染疫的农产品、食品添加剂以及食品相关产品进行灭失性处理，以防止其危害社会和公众的利益。三是采取补救措施。对因标签、标志或者说明书不符合食品安全标准而被召回的食品，可以通过修改标签、标志、说明书等补救措施能够保证食品安全的，食品生产者在采取补救措施后继续销售。

(4) 食品生产者应及时向监管部门报告食品召回和处理的情况。主要包括停止生产不安全食品的情况，通知销售者停止销售不安全食品的情况，通知消费者停止消费不安全食品的情况，食品安全危害产生的原因、可能受影响的人群、严重和紧急程度，召回措施的内容（实施组织、联系方式以及召回的具体措施、范围和时限等），召回的预期效果，召回食品后的处理措施等。

（5）食品经营者发现其经营的食品不符合食品安全标准，应当立即停止经营，通知相关生产经营者和消费者，并记录停止经营和通知情况。

（6）县级以上质量监督、工商行政管理部门应当依法对食品生产经营者食品召回或停止经营情况进行监督。

2. 责令召回

（1）县级以上质量监督、工商行政管理部门、食品药品监督管理部门发现食品生产经营者未依照有关规定召回或停止经营不符合食品安全标准的，可以责令其召回或停止经营。

（2）食品生产者在接到责令召回通知书后，应当立即停止生产，并按有关规定和程序召回不符合标准的食品。

（3）食品经营者在接到责令停止经营的通知后，应当立即停止经营。

案例 1

“娃哈哈营养快线”召回事件

在西安市长安区打工的魏先生和孙先生在长安区某购物商场，花 7 元钱买了两瓶“娃哈哈营养快线”，当孙先生打开“娃哈哈营养快线”时，竟然发现瓶口里长了许多绿色絮状物，再一看魏先生已经喝了一半的那瓶“娃哈哈营养快线”瓶口处也有霉斑和许多绿色絮状物。他们找到商场，商场说这事只有找生产厂家。后来，生产厂家送来了三箱（每箱 15 瓶）“娃哈哈营养快线”作为对他们的赔偿。魏先生将厂家赔偿的“娃哈哈营养快线”拿回咸阳老家，打开 4 瓶竟然发现有两瓶严重变质发霉，而且长了许多绿色絮状物。但打开的“娃哈哈营养快线”标着：“20080322 前饮用 0706231116SS”，明显在保质期内。魏先生再次联系生产厂家讨个说法，杭州娃哈哈集团有限公司陕西办事处负责人认为，产品发霉变质有三个原因：一是当年 9 月份西安下雨很多，生产的产品受天气影响，容易发霉变质；二是运输和装卸过程中挤压瓶口，导致发霉变质；三是商场储存时挤压了瓶口，导致发霉变质。对于为什么赔偿给消费者的“娃哈哈营养快线”仍然是发霉变质的产品时，这位负责人说：“那的确是一个偶然，因为是一批产品，所以谁也不能保证没有变质发霉的。”据西安办事处的工作人员透露，由于是某一批次的产品出了问题，杭州娃哈哈集团有限公司已经下令将在陕西省境内的“娃哈哈营养快线”召回，全部运回厂里，但对这批召回的“娃哈哈营养快线”如何处理问题，这位工作人员没有明确表态。

解析

《食品安全法》明确规定国家建立食品召回制度。该法第53条第1款规定：“国家建立食品召回制度。食品生产者发现其生产的食品不符合食品安全标准，应当立即停止生产，召回已经上市销售的食品，通知相关生产经营者和消费者，并记录召回和通知情况。”我国的食品召回制度主要包括以下内容：①食品召回工作的监管主体。《食品召回管理规定》第5条规定：“国家质量监督检验检疫总局在职权范围内统一组织、协调全国食品召回的监督管理工作。省、自治区和直辖市质量技术监督部门在本行政区域内依法组织开展食品召回的监督管理工作。”②食品召回的级别规定。我国确立了食品召回三级管理制度，一级召回指已经或可能诱发食品污染、食源性疾病等对人体健康造成严重危害甚至死亡的，或者流通范围广、社会影响大的不安全食品的召回；二级召回指已经或可能引发食品污染、食源性疾病等对人体健康造成危害，危害程度一般或流通范围较小、社会影响较小的不安全食品的召回；三级召回指已经或可能引发食品污染、食源性疾病等对人体健康造成危害，危害程度轻微的，或者属于《食品召回管理规定》第3条第（3）项规定的不安全食品的召回。③食品召回的程序规定。根据食品召回程序的启动方式，食品召回分为食品生产者主动召回、食品经营者通知召回和监管部门责令召回三种形式。④召回食品的处理。针对被召回食品的特点，我国法律规定了不同的处理方式，包括采取补救、无害化处理、销毁等，其中补救措施主要是针对产品品质符合食品安全标准，但产品包装不符合我国相关法律规定的食品，补救措施主要包括修改标签、标志、说明书等，食品生产者在采取补救措施后，该食品可以继续在市场上销售。《实施条例》第33条规定，“对依照食品安全法第53条规定被召回的食品，食品生产者应当进行无害化处理或者予以销毁，防止其再次流入市场。对因标签、标志或者说明书不符合食品安全标准而被召回的食品，食品生产者在采取补救措施且能保证食品安全的情况下可以继续销售；销售时应当向消费者明示补救措施。县级以上质量监督、工商行政管理、食品药品监督管理部门应当将食品生产者召回不符合食品安全标准的食品的情况，以及食品经营者停止经营不符合食品安全标准的食品的情况，记入食品生产经营者食品安全信用档案。”在本案中，杭州娃哈哈集团有限公司生产的“娃哈哈营养快线”，虽然还处于保质期限内，但产品已经出现明显质量问题，不仅瓶口处有霉斑，瓶内还有许多绿色絮状物，已经变质发霉，属于不安全食品。同时发现相同批次的产品均存在类似问题，属于食品安全法有关食品召回的范围，应该予以召回。因此，杭州娃哈哈集团有限公司将陕西境内的 2 000 多箱“娃哈哈营养快线”及时召回，是有法律依据的。但没有对在其他地方销售的同一批次或同一类别的产品及时召回，又是不合法的。关于召回食品的处理，《实施条例》第 21 条规定：“食品生产经营者的生产经营条件发生变化，不符合食品生产经营要求的，食品生产经营者应当立即采取整改措施；有发生食品安全事故的潜在风险的，应当立即停止食品生产经营活动，并向所在地县级质量监督、工商行政管理或者食品药品监督管理部门报告；需要重新办理许可手续的，应当依法办理。县级以上质量监督、工商行政管理、食品药品监督管理部门应当加强对食品生产经营者生产经营活动的日常监督检查；发现不符合食品生产经营要求情形的，应当责令立即纠正，并依法予以处理；不再符合生产经营许可条件的，应当依法撤销相关许可。”如果违反有关食品召回的相关规定，由有关主管部门按照各自职责分工，没收违法所得、违法生产经营的食品和用于违法生产经营的工具、设备、原料等物品；违法生产经营的食品货值金额不足一万元的，并处二千元以上五万元以下罚款；货值金额一万元以上的，并处货值金额五倍以上十倍以下罚款；情节严重的，吊销许可证。具体到本案，杭州娃哈哈集团有限公司应该将有关“娃哈哈营养快线”召回的情况及时通知经营者和消费者，并根据产品已经霉变，存在严重质量问题的特点，对该召回产品进行无害化或者销毁处理，并将处理情况及时向有关部门报告。

案例 2

“三鹿牌婴幼儿奶粉”事件

2008 年 6 月 28 日，位于甘肃省兰州市的中国人民解放军第一医院泌尿科收治首例患“双肾多发性结石”和“输尿管结石”的婴幼儿。到 9 月 8 日，该院在两个多月内共收治 14 名患有同样疾病的婴儿。经各方调查发现，患儿有着相似的经历，即长期食用河北省石家庄市三鹿集团生产的三鹿牌婴幼儿奶粉。9 月 11 日，卫生部调查证实石家庄三鹿集团生产的婴幼儿配方奶粉受三聚氰胺污染。当时，陕西、宁夏、湖南、湖北、山东、安徽、江西、江苏等地也发生类似案例，由此揭开三鹿婴幼儿奶粉违法添加三聚氰胺事件。9 月 13 日，党中央、国务院对严肃处理三鹿婴幼儿配方奶粉事件作出部署，立即启动国家重大食品安全事故Ⅰ级响应，并成立应急处置领导小组。然而，“毒奶粉”事件却愈演愈烈，很快就有 22 家企业 69 个批次产品被检出含量不同的三聚氰胺，国内多家知名企业生产的乳粉及部分液态乳中含有三聚氰胺。截至 2008 年 12 月 2 日，全国因三鹿牌婴幼儿奶粉事件累计筛查婴儿 2 240.1 万人次，累计报告因食用三鹿牌奶粉和其他问题奶粉导致泌尿系统异常的患儿 29.4 万人，累计住院患儿 52 019 人，累计收治重症患儿 154 人。在上报的 11 例死亡病例中，经专家组排查，有 6 例不能排除与食用问题奶粉有关。

解析

“三鹿牌婴幼儿奶粉”是国家免检产品，免检制度是指依据《产品免于质量监督检查管理办法》，对符合规定的产品，在三年内免予各级政府部门的质量监督抽查的制度。我国免检制度始于 20 世纪 90 年代，1999 年 12 月 5 日公布的《国务院关于进一步加强产品质量工作若干问题的决定》第 16 条指出：“对产品质量长期稳定、市场占有率高、企业标准达到或严于国家有关标准的，以及国家或省、自治区、直辖市质量技术监督部门连续三次以上抽查合格的产品，可确定为免检产品。列为免检产品的目录由省级以上质量技术监督部门确定，定期向社会公告，并使用免检标志，其产品在一定时间内免予各地区、各部门各种形式的检查。”2000 年 3 月 14 日，原国家质量技术监督局民发布《产品免于质量监督检查管理办法》，规定在免检有效期内，各级政府部门以及流通领域均不得对其进行质量监督检查。2001 年 12 月 4 日，国家质检总局颁发新的《产品免于质量监督检查管理办法》，其中第 2 条规定：“国家质量技术监督局对符合本办法规定条件的产品实行免予政府部门实施的质量监督检查（以下简称免检）制度。免检产品在一定时期内免予各地区、各部门、各种形式的质量监督检查。”这里包含两层含义：一是某家企业的某种产品获得免检资格后，在免检有效期内，国家、省（市）县各级政府部门均不得对其进行质量监督检查；二是无论是在生产领域，还是在流通领域，也均不得对其进行质量监督检查。

食品免检制度背离了立法初衷。国家设立免检制度的初衷，就是要“择优扶强”，鼓励企业提高产品质量，防止地方利益保护和行业垄断，避免重复检查，减轻企业负担。经过近 8 年的实施，我国免检产品的范围日益扩大，“国家免检”一度成为部分企业标榜自己产品质量优异的门面，在产品宣传和推广中频繁使用。在此期间产品免检制度的弊端也日益为社会所诟病：①一些企业为抢占市场，获取高额利润，通过暗箱操作获取“免检产品”资格，利用“免检产品”的光环作为企业的保护伞。②免检产品的范围过大，免检的环节过宽，造成产品质量监管的真空。譬如，在三鹿奶粉事件中，有报道称早在2008年3月份就有消费者向三鹿集团投诉。8月份，三鹿集团的第二大股东新西兰恒天集团就得知三鹿奶粉受污染的情况，曾要求中国官员召回其中国伙伴三鹿集团生产的被污染奶粉，但地方官员未能及时采取行动。地方官员之所以未能及时采取行动，一是因为不敢，三鹿牌奶粉属于国家免检产品，在免检有效期内，地方政府部门无权对其产品进行质量监督检查，因而也无权认定其产品是否被污染；二是因为不能，本案涉及出口商品的质量问题，根据法律规定应该由国家质检总局和国家出入境检验检疫部门负责，地方政府无权对其进行质量监管；三是因为不愿，三鹿集团是河北省的纳税大户，关系到地方财政收入，地方政府部门显然不愿意看到该集团产品出问题。而最关键的原因还是因为三鹿牌奶粉的国家免检光环，地方政府投鼠忌器，不敢有所作为。③免检产品不合格给政府信誉带来不良影响。随着三鹿牌奶粉事件的曝光，产品免检制度引起了社会的广泛关注。2008年9月18日，国务院办公厅发布《关于废止食品质量免检制度的通知》，通知指出：“为了保证食品质量安全，维护人民群众身体健康，国务院决定废止1999年12月5日发布的《国务院关于进一步加强产品质量工作若干问题的决定》（国发［1999］24号）中有关食品质量免检制度的内容。”《食品安全法》第60条再次明确规定“食品安全监督管理部门对食品不实施免检”，正式宣告延续8年之久的食品免检制度寿终正寝。

案例分析

“三鹿牌婴幼儿奶粉”事件发生后，党中央、国务院高度重视、果断决策部署，启动国家重大食品安全事故Ⅰ级响应，成立国家处理三鹿牌婴幼儿奶粉事件领导小组，建立每日会商制度，及时出台相关政策，及时公布三鹿婴幼儿奶粉安全事故信息，按照公开、透明、及时、准确的原则，向社会公布，并向有关国际组织通报。各地、各部门紧急应对措施立刻启动，食品药品监管部门认真履行综合监督、组织协调、对重大食品安全事故进行查处的职责；卫生部门印发与食用受污染三鹿奶粉相关的婴幼儿结石诊疗方案，并对婴幼儿实行免费筛查和对因服用奶粉而患结石病患儿实行免费治疗；质检部门对全国婴幼儿奶粉生产企业全面开展质量检查，并及时公布检查结果；工商部门协调处理退货退款，下架、退市、召回和销毁不合格奶制品；农业部门大力清理整顿奶站；商务部门扶持奶业健康发展、组织合格奶制品供应等一系列措施，确保处置工作有序、有力、有效开展。由卫生部牵头的联合调查组赶赴奶粉生产企业所在地，会同当地政府查明原因，查清责任，依法严惩检查出问题的婴幼儿奶粉生产企业和有关责任人。

“三鹿牌婴幼儿奶粉”事件的发生、发展及结果，对我国除奶制品行业之外的其他食品行业也有深刻的启发。不言自明，该事件之所以会发生，跟企业丧失职业道德和社会责任道德有着密切的关系，但其中也暴露出我国在食品监管、食品质检等环节中存在的问题。应当改变监管的手段措施与快速发展变化的食品安全形势不相适应这一现状，进一步健全网络监管，更重要的是，应当进一步完善食品安全法律体系，加强和改进质量监管工作，尽快建立起一套体系更加完备，制度更加健全，能覆盖生产、流通、消费等各个环节，工作更加公开、透明、高效的监管机制，从根本上保证食品安全，真正让广大人民群众放心和满意。

第七章　我国食品小作坊的食品安全管理

第一节　我国食品小作坊的基本情况

目前，在我国各地大、中、小城市，城乡结合部、集贸市场周边及偏远的农村乡镇，普遍存在着相当数量的食品小作坊，这些食品小企业为社会提供了大量的就业机会，丰富了城乡食品市场，方便了广大人民群众的生活需求，有的小作坊生产的产品还是具有地方特色的传统食品，受到广大消费者的喜爱。但是，在为数众多的食品小作坊中，普遍存在着生产条件简陋，卫生条件较差，达不到市场准入条件，产品质量不稳定等问题。调查结果表明，我国食品生产加工业的整体生产加工水平很低，小作坊在全国食品加工企业中所占比例相当大，普遍存在多、小、散、乱、差的特点。此外，还有一些地下黑加工点及个体小作坊非法加工生产假冒伪劣食品，甚至违法使用非食品原料及有毒原料加工食品，扰乱了正常的市场秩序，给人民群众的饮食安全带来了极大的隐患，同时也给监管部门的日常监管工作带来了很大的困难。

如何对食品小作坊进行有效的监管，发挥其正面的效应，减少负面影响，切实做到既要管好，又要便民，这是我国食品安全面临的一个极其重要的问题。近年来，从国家到地方的各有关监管部门，根据自身的职责，对如何加强食品小作坊监管进行了积极地探索，采取了一系列的监管措施加强对食品小作坊的监管，取得了明显的进展，为整体提高食品小作坊的食品安全水平奠定了较好的基础。但是，由于我国经济发展不平衡，食品安全监管体制的不完善，食品小作坊的存在必将是长期的，对食品小作坊的监管也将是一项长期的、艰巨的、复杂的任务。

第二节　我国食品小作坊存在的主要问题

国家质监总局、国家食品药品监督管理局及各省、市相关监管部门，均对食品小作坊问题做过调查，调查结果均表明我国食品小作坊食品安全状况令人担忧，监管乏力，隐患较大，形势相当严峻。概括起来，主要存在以下问题：

一、生产力水平低，集约化程度不高

目前食品小作坊的生产营销模式以自产自销为主，设备简陋，技术力量薄弱，生产力发展水平总体偏低，生产集约化程度不高，存在着散、小、低、乱、差等难以管理的严重问题。为落实国家有关领导人“应加强食品小作坊、小企业的监管”的指示，国家食品药品监督管理局组织了对我国浙江、辽宁、湖北、江西、甘肃五个省食品小作坊、小企业专项调查研究，提出了“对我国五省食品小作坊、小企业的情况调研报告”（以下简称“五省专项调查”）。调查中发现：食品小企业、小作坊中，固定资产在一万元以下的占调查总数的66.2％；生产经营面积在50平方米以下的占69.6％；有机电类设备的占调查总数的50.1％。小作坊规模小，生产能力小，加工水平和产品档次低，大部分小作坊、小企业都是进行简单加工，年销售额一般在5万元以下，生产无规律性。

二、管理混乱，无证无照生产现象极为严重

绝大多数食品小作坊、小企业未经相关部门许可即自行生产加工销售食品，管理混乱，存在极大的安全隐患。在“五省专项调查”的2 271家食品小作坊、小企业中，无生产许可证的达2 139家，占调查总数的94.2％；无卫生许可证的有912家，占调查总数的40.2％；无营业执照的有888家，占调查总数的39％；三证全无的863家，占调查总数的38％；三证齐全的仅有128家，占调查总数的5.6％。

三、企业管理水平差，从业人员素质低下

食品小作坊、小企业大多以家庭式生产经营为主，实行家长式管理，无相应管理制度；有的即便制定了管理制度，也只是为了应付相关监管部门的监督检查，实际生产经营活动中并未真正执行。管理手段落后，缺乏必要的约束机制，发生食品安全问题无法进行追根溯源。“五省专项调查”显示，食品小作坊、小

企业中仅有13.8%的企业建立了较为完善的管理制度，10.8%的企业建立了简单的管理制度；75.4%的企业未建立管理制度。调查还发现，食品小作坊、小企业中从业人员素质低下，文化程度在初中（含初中）以下的占从业人员总数的70.2%，专业技术人员基本没有。未取得健康证的占从业人员总数的31.7%，不了解食品安全常识和相关法律法规的占从业人员总数的74.2%。小作坊、小企业生产的食品自检能力差，90%以上的食品小作坊、小企业不能进行最基本的食品质量检验。

四、工艺水平低，生产无标准现象普遍

食品小作坊、小企业生产的食品大多为历史或家族传承下来的手工产品，工艺水平低，凭个人经验组织生产。调查显示，只有12.6%的食品小作坊、小企业执行国家标准；13.8%的小作坊、小企业执行行业标准；8.2%的小作坊、小企业执行企业标准；65.4%的小作坊、小企业无任何标准。业主或法定代表人不知道所生产的产品有何标准要求，仅凭眼看、手摸、鼻闻来判断产品质量。多数食品小作坊、小企业存在超剂量、超范围使用着色剂、调味剂和防腐剂等食品添加剂现象。据调查结果统计，使用食品添加剂的小作坊、小企业约占调查总数的50.6%，食品添加剂主要来源于农贸市场和经营企业。其中仅有6.5%的小企业填写了购货记录，3.6%的小企业填写了使用记录，4%的小企业使用“三无添加剂”产品。

五、卫生状况差，质量意识薄弱

相当数量的食品小作坊、小企业的卫生状况难以达到国家相关标准要求。“五省专项调查”发现，周边环境和生产场地卫生不符合条件的小作坊、小企业分别为972家和1 029家，共占调查总数的88.1%。业主和从业人员食品安全意识薄弱，重产量轻质量，原辅材料购进不作索证索票，生产销售不作任何记录，工艺流程完全依靠经验和感觉，在不具备自检能力的情况下，不送检或委托检验，甚至对监管部门监督性抽验抱有抵触情绪，对有关部门的宣传和责令整改置若罔闻。抽样调查结果显示，只有5.9%的食品小作坊、小企业有检验设备和检验人员，能对生产的产品进行自检，15.1%的企业对产品做委托检验，79%的企业从未进行过检验。

第三节　我国食品小作坊问题原因分析

一、概念界定不明确，监管体制不科学，相关法规不完善

长期以来，各地各部门对食品小作坊的概念说法不一，界定不明确，造成定位不准，责任不明，监管范围不清。食品小作坊在我国数量众多，分布很广，但至今没有对小作坊生产食品的专项法律法规，即使是刚出台的《食品安全法》，也是讲要求各地根据当地实际情况制定地方性法规。在已出台的有关食品安全的法律法规中，对涉及小作坊的有关问题未作具体规定。特别是前店后厂式的小作坊、超市、饭店加工食品行为，监管职能界定不清，执法依据不足，造成谁都能管，谁都不管，谁都管不好的现象。目前食品小作坊的监管涉及部门多，如质监、卫生、工商、食品药品、农业等，甚至公安、城管也在管，导致政出多门，职能分散交叉，相互掣肘，监管重叠与监管空白并存。监管成本大，形不成监管合力，资源浪费严重。事后性监管模式不能做到事先防范，治标不治本。

二、小作坊多而散，监管力量无法到位

根据 2006 年的调查数据，我国 10 人以下食品小作坊、小企业有 352 815 家，且分布极为广泛，遍布全国的城市、农村，凡有人群居住的地方，都会有食品小作坊、小企业。从目前体制看，小作坊主要由质监负责，但又涉及工商、食品药品和农业等部门，在县以下的行政区域，质监、食品药品已无机构，县级，各监管部门的监管人员、执法车辆等条件均非常有限，聘请的协管员、信息员等基本上无工资报酬，协管积极性难以长期维持。监管人员少，监管的小作坊多，监管范围大，客观上使监管无法真正落实到位，或者是出现监管空白。

三、产品多数无标准，质量管理形式化

小作坊生产的食品，有不少是传统的地方食品，完全靠经验和感官评价其优劣，长期以来就无产品标准；即便是有标准的产品，国家标准与行业标准之间，行业标准与行业标准之间，国家标准与行业标准、企业标准之间，存在着很大的重复、交叉、矛盾的问题。特别是涉及人身安全的农药残留、食品添加剂、微生物等指标，各标准之间要求不统一，实际工作中难以有效执行。企业标准分省、市、县三级，存在着只备案不审查，只收费不审查的现象，造成小作坊要么无标

准，要么有标准不执行，产品质量难以控制，食品安全存在极大隐患。加之基层食品安全监管机构基础设施薄弱，技术力量有限，产品质量安全检验检测能力和水平无法满足监管工作需要。一些县级质监部门坦言，受检测经费限制，他们只能对有食品生产许可证的企业（约占食品生产加工企业的15%）生产加工的食品进行检验，面对数量众多的又无自检能力的食品小作坊、小企业生产的产品无法跟踪检测，质量控制难以实现，处理小作坊、小企业生产的问题食品时缺乏必要的技术支撑。

四、生产许可门槛高，证照申办难度大

现有食品小作坊生产许可证条件的设置与大中型食品企业发证标准基本相同，不符合我国的实际情况，致使绝大部分小作坊难以达到发证标准，而监管部门只能按照现有标准核发生产许可证。部分监管单位和监管人员存在着“多一事不如少一事”的观念，尽量降低监管责任风险，认为“不发证就可以不监管”，“不发证即使出了问题与自己无直接关系，可以不承担责任”等错误认识，造成了我国食品安全监管的特殊现象：大量无证生产食品的小作坊（约占整个食品加工企业的85%）长期存在，既无法取缔，又未纳入正常的监管范围，形成有证无证企业并存，合法与不合法共生的怪现象，致使国家已有法律法规的执行缺乏严肃性。

五、公众食品安全意识弱，作坊产品空间大

在我国，特别是广大农村，受文化程度、经济发展水平、交通条件的限制以及长期来形成的消费习惯，公众的食品安全意识普遍不强，消费者购买食品首先考虑的是价格，只要便宜，很多问题食品照样有销路，如安徽阜阳奶粉事件中畅销一时的廉价劣质奶粉就是典型例子。尽管超过45%的消费者对食品小作坊生产的食品质量不放心，但仍有近80%的消费者因价格便宜而购买。这种错误的观念给小作坊的劣质食品提供了生存土壤和市场空间。

六、地方保护成阻力，作坊监管难度大

有些地区小作坊生产受欢迎，是解决了部分就业问题，有的还能提供一定的税收，这就出现了地方保护主义的倾向。即使小作坊生产的是问题食品，出现食品安全问题，有的地方政府（如县、乡、镇）对小作坊仍以种种理由给予保护，使问题作坊和问题食品得不到正常的查处。

第四节　部分省、市食品生产小作坊的监管经验

对食品小作坊的监管，国家没有专门的管理办法，也没有制定专门的法规。但这并不妨碍各省、市在这个领域进行大胆地探索和改革，下面是浙江、湖北、贵州省在小作坊整治方面的一些做法，“他山之石，可以攻玉”，希望这些实践和经验对其他省市小作坊食品安全管理上有所借鉴和裨益。

一、浙江省加强食品小作坊管理的主要做法

为了切实加强食品安全工作，确保人民群众饮食安全，按照省委、省政府实施“八八战略”和建设“平安浙江”的部署，浙江省政府印发了《关于切实加强食品安全工作的实施意见》，对食品生产中的食品安全工作提出了明确的要求。省政府办公厅转发了省质监局《全省食品生产加工业整治活动实施方案》，提出了浙江省食品生产加工环节专项整治三年工作目标、整治内容和具体要求。为了掌握全省食品生产加工单位的情况，全省各地共出动了普查人员 21 000 余人次，对食品生产加工单位进行全面普查摸底。提出“三员四定”（即监督员、协管员、信息员，定人、定责、定区域、定企业）、“三进四图”（进村、进户、进企业调查摸底，变化动态图、行业分布图、责任落实图、安全警示图）、“两书一报告”（责任书、承诺书，质量情况报告）的监管思路。在调查研究的基础上，省质监局制定了《浙江省食品生产加工小作坊、小企业监管指导意见》，提出了目录管理、登记管理、开歇业申报制、责任和承诺相结合等监管措施，开展了对食品小作坊、小企业的规范整治工作。在杭州、宁波、长兴、遂昌、普陀、仙居等 11 个市县的重点区域、重点行业和重点食品加工小作坊、小企业进行整治的试点，逐步形成“专业合作”“龙头带动”“协会推动”“股份联合”和“区域集中”五种整合提升模式，被国家质检总局列为食品加工小作坊、小企业整治工程示范省份，并在全国推广。在食品生产加工小企业、小作坊整治中，全省各地都取得了一些经验和做法，主要有：

1. **“借势整治”**

借助当地党委政府开展的一些重大活动，将食品安全工作纳入其中，明确整治目标并进行考核。如杭州、嘉兴等地为做好食品安全专项整治工作，规范食品生产加工小企业、小作坊的经营行为，结合迎接“国家级卫生城市”的创建和复评的工作，在当地党委和政府的领导下，动员各方力量，开展对食品生产小企

业、小作坊的整治，取得了较好的效果。

2. “龙头带动”

为了提高区域性加工食品的质量和生产能力，通过“公司＋合作社＋农户”、“农业龙头企业＋基地＋农户”和“公司＋基地”等模式，将小作坊、小企业加工户进行了有效地整合，提高整体水平。如天台县共有茶园 45 000 亩，从事茶叶种植的茶农 2 万多户，原从事茶叶生产加工的单位有 106 家，其中证照齐全的仅 25 家，其余大多数茶叶加工则为无证无照且从业人员不足 10 人的小作坊、小企业。该县通过“龙头带动”的办法，由 4 个公司带动 6 家合作社联合 700 多家农户，3 个龙头企业带动 7 个生产基地联合 500 多家农户，对小作坊、小企业加工户进行了有效地整合。经过技术改造，目前有 4 家茶厂取得“QS”证书，2 家已通过生产许可证现场考核，产品质量有大幅度的上升。

3. “创建园区，规模生产”

为了给食品生产加工户提供良好的生产环境，又便于管理，政府建立食品工业园区，完善配套设施，将食品生产加工户集中生产。如普陀区政府将水产品加工业建设列入当地政府经济发展规划，政府征地 700 多亩建成鱿鱼加工园区，按水产食品加工场所卫生要求，对生产加工户进行集中管理。该园区现有加工户 72 户，季节性从业人员多达 3 000 多人，年处理鱿鱼 3 万余吨。2006 年产值 3.13 亿元，出口产值 400 多万元。

4. “规范改造，整合提高”

监管部门重点帮助食品生产加工户改善生产条件，提高了产品质量，取得卫生许可证、食品生产许可证和营业执照。如兰溪市根据规范改造，整合提高的思路，开展水果罐头、小萝卜企业的规范整治。水果罐头加工小作坊、小企业从原来 33 家整改规范为 10 家。10 家企业投入资金 400 多万元用于技术改造，改善了生产环境，生产能力也有了很大的提高。小萝卜加工企业按照量化管理要求进行整改，从原来的 73 家规范为 15 家，生产厂家虽然减少了，但规模扩大了，效益也提高了。

5. “专业合作，行业自律”

通过农村专业合作社开展统一产品标准、原料采购、晒场管理、抽样检测、品牌包装，引导和推动食品生产加工小作坊走专业合作、行业自律、规范发展的道路。如仙居在粮食生产整治中，培育出了“仙瀑”大米、面粉等具有地方特色品牌，去年在大米和面粉检验抽查合格率均达到 100%。

通过对食品生产加工小作坊、小企业的整治，全省建立并公布食品加工小作坊产品目录 118 个，关停 1 504 家不符合要求的食品加工小作坊、小企业，完善登记档案 9 153 份。10 745 家小作坊签订质量安全承诺书，有 15 047 家食品加工小企业、小作坊通过“五种整合提升模式”并取得 630 张 QS 证书。

为了加大对城乡结合部及其周边农村食品安全整治力度，2006 年省食品安全办组织开展了为期一年的以城乡结合部、城中村等为重点区域，小作坊、小企业、小餐饮为重点对象的食品安全联合专项整治。共取缔无证无照食品生产加工小作坊、小企业、小商贩、小餐饮店、流动饮食摊点 7.08 万家（户），查获假劣食品 35.84 万公斤，查处违法行为 1.33 万起，立案 6 266 起，移送司法机关 7 起，逮捕 4 人。有效抑制了制售假冒伪劣食品和有毒有害食品的违法行为，整治工作取得了较好的成效。

二、湖北省加强食品小作坊管理的主要做法

1. 政府主导，推行区域整合

全省各级政府高度重视食品安全监管工作，始终把小作坊、小企业日常监管摆上突出位置，常抓常议，有针对性地组织协调各职能部门，开展联合执法和综合整治，一是对小作坊、小企业按区域划定监督点。按照“县为基础、划分区域、明确责任、严格奖惩”的原则，全省建立了以“三员四进、三进四图、二书一报告”为主要内容的生产加工业食品质量安全监管体系。向乡镇（社区）和企业派出食品质量监管员、明确协管员，在主要生产加工企业聘请信息员，建立以乡镇、街道为单位的责任区 586 个，聘请监管员 983 名，地方政府协管员 3 609 名、社会信息员 5 820 名，基本形成了纵向到底、横向到边的监管网络。二是创新经营实体，集聚分散的加工网点。坚持一手抓整治，一手抓服务。整合做大，统一经营传统食品加工行业。通过政府组织，部门推动，企业响应，推动食品小作坊、小企业组织起来，走经济联合体的发展道路。三是保护地方特色，整合辖区内资源。近年来，全省各地、各部门坚持疏堵相结合、整顿规范与发展提高相结合，按照既安全又便民的思路，积极引导有条件的小作坊、小企业发展壮大，结合实际分别出台优惠政策，采取统一规划土地、集中连片生产等办法，规范地方特色食品小作坊、小企业生产，提高了质量安全水平。

2. 部门指导，推行分类监管

食品小企业、小作坊的存在有其历史的必然性和合理性，在对待它时既不能一棍子打死，也不能任其发展，而要区别对待，分类管理，严格按照食品生产的技术含量、风险程度和老百姓的需要，把各种主要产品及时分类梳理，根据不同类食品和不同型企业，分别确定了不同的监管方法。按照“全面监管、分类实施、突出重点、因地制宜”的原则，全省质监、卫生部门对照生产、卫生许可要

求，坚持以规范为主，严格发证条件，做到不达要求不发证。对全省食品小作坊、小企业进行全面清理并分类监管，将食品生产企业分为三类，针对不同的情况，采取了不同的监管措施。使“三证齐全”的规范性提高，严格按照法律法规加强巡查监管；“三证不全”的严格查处，加大帮扶力度，使其逐步满足必备的质量安全控制基本条件；“无证无照”的坚决取缔，对生产、卫生条件差，多次帮扶督促整改不到位的以及制售假冒伪劣食品的小作坊、小企业，质监、卫生联合公安、城管、工商等部门进行联合执法，坚决依法取缔。

3. 整治督导，推行打假扶优

近年来开展了食品添加剂专项检查、白酒专项检查、节令食品专项检查、豆制品专项检查、卤制品专项检查、酱油醋专项检查等重点品种的专项整治。例如，黄冈市针对白酒小作坊存在数量大、合格率低、违法行为多等现状，质监部门及时将白酒纳入高风险食品行列，作为监管整治重点，一方面，将规模相对较大、质量较稳定的白酒作坊作为白酒加工的龙头，加强检测力度，鼓励做大做强，发挥行业带动作用；另一方面，通过政策宣传、监督抽查、日常巡查、动态监管等办法，严查违法经营行为。经对白酒质量进行抽查检验，产品合格率由30%提高到70%。对小作坊、小企业涉及加工假冒伪劣食品、使用非食品原料加工食品、仿造食品标志、滥用添加剂等违法行为做到早发现、早打击、早控制。襄樊市针对挂面中过量添加过氧化苯甲酰（增白剂的问题）在全市范围内开展了挂面专项监督抽查行动，以综合评价中检查不合格的生产企业为检查重点，严厉打击违规使用食品添加剂的行为。责令不合格挂面生产单位立即停产整顿，召回不合格产品，对其违法行为进行处罚，待整改合格后方可继续生产。责令经销单位将不合格产品撤柜，追回已售出的产品，对其违法行为进行处罚；同品牌挂面重新上柜前，必须检验合格。加大食品安全宣传教育力度，将挂面检验结果通过媒体向社会公布，增强人民群众的辨别能力。从源头上严把食品质量安全关，遏制挂面中过量使用过氧化苯甲酰的行为，保障人民群众的身健康。2005年，全省共查处无证小作坊、小企业2 475家（次），停产转产1 065家、联合兼并170家、强制兼并170家、强制停产679家、依法取缔569家。做到了“三个不放过”，即企业整改措施不落实的不放过、质量安全指标达不到要求的不放过、质量教训不吸取的不放过。

4. 强化宣传，舆论引导

运用各种宣传媒体，将生产假冒伪劣是违法和犯罪，以及某些食品添加剂对人体的危害进行广泛的宣传，形成假冒伪劣人人喊打的社会环境；坚持在春节、端午、中秋节到来之前，安排好节日期间的食品安全监管、监测工作，各食品安全监管部门组织力量，对小作坊、小企业进行全面的监督检查，对这些单位的生产过程和经营行为进行监督，督促各单位建立、完善和执行各项管理制度，确保节日期间食品安全。食品药品监管、质监、工商、卫生部门联合召开节令食品质量抽检信息发布会，2005—2006 年共公告抽检食品生产经营企业 350 家（次）的节令食品质量信息，曝光了 25 家生产加工企业的 30 个批次不合格节令食品，受到了媒体的高度关注和市民的热烈欢迎。

5. 开展诚信建设，推行行业自律

在加强硬性监管的同时，全省食品安全监管部门注意发挥企业的主体作用，采取措施，引导企业自律。帮助企业建立食品安全责任，完善原料进货、产品质量内部管理等制度。一是积极建立食品安全承诺制和食品安全责任制。要求食品生产加工小作坊、小企业都要签订食品质量安全承诺书，明确承诺遵守国家法律法规，不生产加工假冒伪劣食品，不以非食品原料加工食品，不滥用食品添加剂，不伪造食品标志标注，并接受社会监督，承担食品质量安全责任；承诺其产品的销售地域范围，明确食品企业和小作坊负责人为产品质量的第一责任人，如产品质量发现问题，直接向企业负责人问责。二是实施行业管理。以规模较大的食品生产加工企业为龙头，成立食品行业协会，将所有食品企业、食品加工点和小作坊纳入会员管理，并制定行业规程，统一生产标准，规范生产工艺，行业之间相互监督，促进企业和小作坊自律。

三、贵州省加强小作坊管理的主要做法

1. 提出基本要求

在实行食品质量安全市场准入制度前提下，对已取得卫生许可证和工商营业执照的，在一定时期内产品出厂检测条件达不到要求而无法取得食品生产许可证的小型食品生产加工企业，实行如下监管措施：一是企业必须建立自身的质量保证措施和原料、产品送检制度，经质监部门检查后，产品质量必须达到标准规定要求；二是生产加工条件必须达到食品生产许可证发证条件要求；三是生产现场的环境卫生条件必须达到和符合食品生产许可证发证条件的要求；四是企业法人是食品质量的第一责任人，对食品质量安全负全责，要同当地质监部门签订《小型食品企业质量安全承诺书》；五是生产加工的食品必须有销售区域限制，不得进入超市和专营市场，不得集团购买，不能进入大流通环节；六是酱油、食醋、饮用水、饮料、乳制品的生产加工企业必须按国家质检总局制定的质量安全市场准入制度的有关规定严格管理。该六条意见由贵州省质监部门率先在全国提出，受到国家质监总局的肯定，并将部分措施向全国推广。

2. 实施分类监管

贵州省铜仁地区将辖区食品生产加工企业进行再分类，即A、B、C、D、E五类。其中，A、B、C三类企业与国家质检总局的要求一致，另将有营业执照、有卫生许可证，群众生产生活需要其存在但又不可能达到申办生产许可证条件的企业作为D类，实施重点监管；E类为无证无照企业，坚决依法予以取缔。在D类企业中，小酒厂的数量占53%，该局把小酒厂作为重点，采取措施进行监管。监管中加大巡查力度，对小酒厂实行每季度巡查一次，重点检查是否有新酒厂诞生、原有的酒厂生产条件是否发生大的变化，生产中是否使用酒精，产品销售是否超出酒厂所在的乡镇范围等。他们还视情况调整抽查频率，及时采取相关措施。白酒质量抽查一般为每年两次，但只要发生一次抽查不合格，则立即将抽查调整为每年四次。之后，连续两次抽查仍不合格的，建议工商、卫生部门吊销证照，予以取缔；连续三次抽查合格的，则将抽查调整为每年两次。此外，由于小酒厂点多面广，该局通过聘请食品安全协管员等形式，基本建立了到乡（镇）一级的食品安全监管网络，共聘请协管员116人，增强了对小酒厂监管的针对性和有效性。

3. 落实监管责任

通过全面落实“三员四定、三进四图”，即设立食品监管员、基层政府协管员、企业质量信息员，定人、定区域、定企业、定责任；进村、进户、进企业，统一制作辖区食品行业分布图、高风险食品警示图、食品企业动态统计图、责任区域图来加强日常监管工作。共设立919个食品安全监管责任区域、明确食品质量安全监管员641人、聘请基层政府食品安全协管员2 034人、企业质量信息员6 191人，各县级质监局与本辖区的食品生产企业签订《食品质量安全承诺书》5 467份。

4. 制定地方标准

2008年上半年贵阳市在对豆制品生产行业进行专项整顿工作的同时，市质量技术监督部门与相关技术机构共同努力，完成豆制品地方标准的编制，并通过专家审定正式发布实施。发布实施的豆制品地方标准分别是《豆腐、半脱水豆制品、豆腐再加工制品》《腐竹》《豆浆》。这三项标准基本涵盖了除豆芽外的所有非发酵性豆制品的生产，为豆制品质量控制和质量监督提供了技术依据。

5. 实施重点帮扶

贵州省各级质监部门加强了食品生产企业人员的培训力度，强化服务，帮助食品小作坊提高产品质量，引导并帮助合法经营的小作坊逐步做大做强。如作为贵阳市的“十大名菜”之一的青岩豆腐在贵州享有较高的知名度，但由于一直采用家庭式的小作坊生产形式，加工工艺原始，导致豆腐的保质期很短，只有2～3天，因而青岩豆腐的生产经营一直难以走得更高更远。贵阳花溪老青岩风味食品厂在地方质监部门的帮扶指导下，开始将豆腐的作坊制作方式转换成食品工业规模化生产。引进现代化的设备进行豆腐生产后，延长了产品的保质期，经检验合格的产品，在食品包装上将会标注由国家统一制定的食品质量安全生产许可证编号，并加印食品质量安全市场准入“QS”标志，“转型”后的老青岩风味食品厂获得很大的发展。

第五节　关于加强食品小作坊监管的设想

由于我国食品小作坊情况复杂，监管部门多，要解决好这个问题，需要强化综合监督，整合资源，形成合力，综合治理。因此，对食品小作坊不能简单地用行政手段“一刀切”，应本着“取缔一批、规范一批、提升一批”的原则，既要针对食品小作坊存在的食品安全隐患，强化食品小作坊的监管，又要采取积极有效的措施，引导食品小作坊健康发展。为达到上述目的，建议采取如下措施：

一、完善法规标准，明确监管职责

国家应尽快制定出台《食品小作坊监督管理办法》，在国家层面管理办法正式出台之前，各省、市可根据《食品安全法》的要求，出台《地方食品小作坊监督管理办法》。通过制定法规，界定概念，完善标准，进一步明确监管主体，明确容易造成监管交叉、监管空白的领域，使食品小作坊监管有一个统一、明确、具体的执法依据，真正做到依法监管。国家有关部门应组织专家根据食品小作坊的实际情况进行论证，确定食品小作坊的标准概念，供各地参照执行。国家（或地方）食品标准管理部门应按照食品小作坊的类别分别制定企业产品标准，尽快改变目前绝大部分食品小作坊无标准生产的现状。作为食品安全法已明确的生产加工环节的监管主体，质监部门应切实将食品加工小作坊纳入监管范围，按照国务院的有关规定，不仅要监管有证的食品小作坊，更要严格监管无证的小作坊。前店后厂生产经营方式的小作坊应视为流通环节，由工商部门负责监管；饭店宾馆进行食品加工的应视为餐饮环节，由食品药品部门监管。总之，食品小作坊一定要做到监管主体明确，避免多头监管、重复监管和监管缺失的现象。

由于质监、食品药品等部门在乡镇一级已无机构，因而要特别注意乡镇一级及农村食品安全监管工作的落实。按《食品安全法》的要求，政府对食品安全工作负总责。乡镇政府要把食品安全工作，特别是对食品小作坊的监管，纳入工作目标，在乡镇机构改革中，成立专门的食品安全监管机构，配备相应的具体监管人员。在行政村要落实食品安全协管员，实行定员管理，明确职责，进行食品安全业务工作培训，提高监管队伍的素质，适应食品安全监管的需要。

二、实事求是，分类监管

要坚持“既要管好，又要便民”的原则，疏堵结合，分类监管。对运用传统工艺生产的产品，为满足地处偏远山区百姓日常生活需要，对具备基本食品安全保障能力的小作坊，要帮助其规范提高，实行质量承诺制和限定销售区域；对地处农村零星分散的小作坊可由县级政府实施临时准入制度。对高风险食品，如饮料、乳制品等严格按照现有标准实施准入，不符合条件的，坚决不允许生产销售；对一般传统食品在保证安全的前提下，可适当放宽准入条件，由有关部门制定适合小作坊实际的许可条件，加以规范。城乡结合部是食品安全监管的薄弱环节和重点监管区域。对城区的食品小作坊，应按照现有准入条件，限定期限整改提高，符合条件的颁发证照，整改后仍不符合条件的，予以取缔；对城乡结合部和农村的食品小作坊，可适当放宽条件，由有关监管部门制定相关准入条件，确定市场准入的基本规范，符合准入条件的，颁发证照，不符合准入条件的，应予取缔。

三、整合检测资源，提供技术服务

各级政府应加大食品安全经费投入力度，整合各部门检测资源，建立统一、权威、高效的检测机构。进一步加强市、县级食品安全常规检测能力的建设，提高食品检测水平，实现各监管部门检测结果互认，资源共享，为加强食品安全提供技术服务。有条件的食品小作坊应建立企业的检测室，作为企业控制产品质量的技术手段。监管部门要建立食品小作坊的食品质量定期抽验制度，加大抽验力度，及时发现质量问题和安全隐患，全面把握食品小作坊的食品安全状况。

四、正确引导，大力帮扶，逐步规范，做大做强

对食品小作坊的监管要坚持“正确引导，扶强帮弱，逐步规范，做强做大”的原则。采取有效措施帮助小作坊尽快具备生产条件，特别要鼓励小作坊、走联营做大做强的道路，帮助小作坊与规模企业合作，引导相同产品生产小作坊相互合作，联合建立食品检验室，统一品牌，统一质量标准，统一工艺流程，统一检验把关。监管部门对联营做大的食品小作坊，符合发证条件的，支持其尽快取

证，合法生产。发挥监管部门的帮促作用，通过帮助企业培训人员，制定标准，建章立制，推广先进的产品质量管理体系，引导有条件的小作坊做强做大，升级换代。

五、加大宣传培训力度，增强企业的责任意识

把从业人员的培训作为开办食品小作坊的必要条件。着力强化企业是产品质量安全第一责任人的意识，促进企业形成自我管理，自我约束，自觉诚信经营的良好机制。食品小作坊要建立质量保证制度，档案管理制度，信用自律和风险防范制度等，为市场提供合格、放心的食品。监管部门对食品小作坊要建立企业备案制度，规范企业的经营秩序和行为。同时要通过各种途径，加大宣传和培训力度，普及食品安全知识，强化新闻媒体的舆论监督，提高消费者的食品安全意识和理性消费意识，形成科学的饮食消费习惯。通过政府监管、企业自律和社会监督，促进食品小作坊的健康发展。

案例 1

广州黑作坊加工毒酒致人病亡事件

广州市毒酒致人病亡事件是一起由甲醇引起的化学性食物中毒事件，共造成中毒 55 人，死亡 14 人，按照《国家重大食品安全事故应急预案》和《广东省重大食品事故应急预案》中有关事故分级的规定，属于Ⅱ级重大食品安全事故。

事故原因和发生经过

本起事故是由于违法犯罪分子以工业酒精（含有高浓度甲醇）假冒食用酒精销售、勾兑白酒所致。2004 年 5 月 2 日至 9 日，程才明（广州市巨禾化工有限公司负责人）先后从某化工公司购入 15 桶工业酒精（每桶 165 kg，经鉴定实为甲醇和乙醇混合而成的甲醇酒精混合液），并将其中 5 桶冒充食用酒精售给易新灵（广州市晋业化工物资有限公司负责人）。易新灵未经任何检测就将所购工业酒精转卖给租住在广州市白云区的易祖启、易辉发等 4 名地下酿酒作坊老板（均为广西人），将工业酒精勾兑为白酒后出售，先后造成 55 人中毒，其中 14 人死亡。

解析

主要措施及成效

1. 迅速启动应急机制

5月11日晚至12日，广州市白云区先后有4名群众因饮用了散装白酒后中毒死亡，区政府立即启动《白云区突发公共卫生事件应急预案》，要求各部门按照预案的安排，处置该突发事件。在全力救治病人的同时，组织力量全力追查散装白酒源头及具体流向。

5月12日，广州市委、市政府召开紧急会议，制定了8条应急措施。5月13日，市长张广宁主持召开现场办公会，进一步明确各项应急工作部署：一是在毒酒清查工作中，生产环节由质监部门负责，通过各区、县（市）政府组织进行检查；流通环节由工商、商业、药监等部门负责；食品卫生方面由市卫生部门负责。二是毒酒流入的白云区、天河区、花都区、从化市要将预防应对措施迅速及时地通知到以销售中心半径两公里甚至更大范围内的所有群众。三是市公安局要加大对已拘留的犯罪嫌疑人的审讯力度，认真核查毒酒的流向。四是市卫生局要组织市内所有医疗机构全力以赴救治类似病人，并及时报告类似病例。五是由市政府秘书长牵头，市委宣传部、市政府办公厅、市公安局、市卫生局等部门参加，组成宣传报道临时协调小组，并由市政府办公厅负责收集有关部门的信息，每日向省政府、市委报告。六是由公安部门负责，卫生部门配合，认真做好死亡病例的鉴别和调查取证工作。七是由一名副市长牵头，立即召开全市各区、县级市政府和市有关职能部门负责人会议，部署防控工作，全力控制事态发展。

5月16日，由国家食品药品监管局、卫生部、国家工商总局、国家质检总局组成的联合调查组，会同省有关部门赶赴现场参加、指导毒酒事件的调查处理工作。

2. 积极开展医疗救治工作

广州市针对毒酒事件的最新进展情况，要求全市各级医疗机构全力救助中毒人员，免费为其治疗。全市卫生系统按处理重大食物中毒事故的要求，全面启动紧急应对措施。一是指定市第12人民医院为抢救重症病人的收治医院，划出一个病区专门用于收治中毒患者，并预留一个病区用于疑似病例的留院观察；并负责指导相关医院全力抢救病人。二是组织后备医院，做好收治病人的准备工作；组织有关专家成立后备队伍，做好随时增援市第12人民医院的准备。三是储备足够的药品和相关急救设备，为加快中毒人员的救治工作，广州市政府还特批紧急购置了3台（套）血液透析机。

3. 成立专案组，迅速侦破案件

事件发生后，广州公安机关立即组成专案组立案侦察。在第1例病例发现后的两个半小时内，即查清位于白云区钟落潭镇的一个制售假酒的窝点，抓获第1宗事故的主犯。5个小时后，又查清了位于白云区太和镇的另一制售假酒的窝点，抓获犯罪嫌疑人 2 名。截至 5 月 20 日，共刑事拘留 19 名犯罪嫌疑人，收缴有毒白酒 1 345 公斤，另外流散市场的 200 公斤有毒白酒也查明了流向。到案件调查结束，刑事拘留 25 名犯罪嫌疑人，其中批准逮捕 20 人。由于案件侦破迅速，较快地查清了毒酒的源头、流向，有效控制了事态的进一步扩大。

4. 加大宣传力度，动员全社会力量参与

一是运用报刊、电视等新闻媒体，广泛进行宣传。告诫群众不要买散装白酒，买了也不要饮用，饮用了最好到医院检查，感觉不适要迅速求医。二是逐户逐人通知，实行宣传单签收制度。通过印发宣传单、公开信，张贴和巡回播放政府通告，以及组织镇、街、村、居委工作人员挨家挨户，包括建筑工地、简易窝棚、外来人口居住地和田间地头等进行宣传，并对上门派发的宣传单实行签收制度。三是抓住重点，扩大排查潜在病人。着重推行两个“摸清”和两个“强制”的措施。即摸清本地长期饮用散装白酒人员中 5 月 1 日后购买可疑散装白酒人员情况，并上门逐户收缴查验，确保不留隐患；摸清 5 月 9 日以来饮用散装白酒人员情况。对发现饮用的，强制送院排查；出现中毒或类似症状的强制送医院治疗。白云区先后有 555 人自愿或强制到医院检查。四是实行分片包干责任制。通过镇、街、村、居委会干部对宣传、清查工作实行分片包干，确保宣传和清查工作两个到位。从 5 月 12 日开始，各镇街日夜大规模组织对酒类生产和销售场所进行拉网式清查，全面查封 5 月份以来购进的散装白酒，坚决取缔无证经营的民间酒作坊。五是发动辖区内中小学生派发宣传单到家里和亲戚朋友处，提高宣传到位率。六是发布食品安全预警通告，省卫生厅于 5 月 12 日发布告提醒消费者小心饮用散装白酒。

5. 全面整治，清查酒类市场

广东省，政府办公厅于 5 月 14 日向全省发出关于立即开展对散装白酒进行全面清查的紧急通知。省打假办和省食品药品监管局、卫生厅、工商局、质监局、酒类专卖局等单位部署，在全省范围内开展行动，采取措施，进一步加强管理，确保食品卫生的安全。

广州市自 5 月 12 日起，每天均组织公安、工商、质监、药监、卫生等部门开展联合行动，对全市范围内生产、加工企业，以及各种店铺、酒楼、超市、农贸市场、小作坊、小酒厂等进行全面检查。市整规办会同市安监局组织对无证照经营工业酒精及有证照经营但对经营行为不负责任的店档、企业进行专项整治，严禁工业酒精流向食用领域。从 5 月 11 日至 5 月 20 日止，广州市有关部门共检查酒类生产单位 460 间、检查销售单位 36 116 家，封存散装白酒 150.6 t、半成品 17.297 t、原材料（食用酒精）3.44 t、工业酒精 26.35 t。

为彻底回收市民手中的有毒白酒，广州市政府还部署了收购散装白酒的工作，共投入资金 21 194 元，收购辖区内农村居民和外来民工自购的散装白酒 4 097 kg。

6. 技术保障工作到位

一是组织有关专家紧急制定了《有毒散装米酒甲醇急性中毒参考诊断标准》和《急性口服甲醇中毒诊断与抢救指南》，并印发至各区（县级市）卫生局、各有关医疗机构和疾控中心，为快速诊断中毒人员、尽力抢救病人提供参考，努力将中毒伤亡人数降至最低。二是组织质量技术检测机构对从制售假酒窝点收缴的剩余“食用酒精”和散装白酒进行检测。检测结果显示甲醇含量最高为 82.0%，最低为 80.9%，乙醇含量最高为 22.8%，最低为 22.2%。散装白酒 5 个样本中 3 个不合格，其中甲醇含量最高为 100 mL 14.0 g，最低为 13.4 g。

责任追究情况

1. 行政责任追究

5 月 23 日，由广州市监察局会同有关部门成立“5·11”毒酒事件调查组，经过 3 个多月的认真调查，广州市决定在以下四个方面追究有关部门和人员的责任：

（1）在危险化学品生产经营管理方面。给予广州市安全生产监督管理局危险化学品监督管理综合处负责人行政记过处分；给予广州市工商局天河分局东圃工商所分管负责人行政警告处分，该所化工城巡查组负责人行政记过处分；责成质量技术监督部门、工商行政管理部门分别对其监管不到位的行为作出深刻检讨。

（2）在酒类生产经营和市场监管方面。给予广州市酒类专卖管理局办公室负责人行政记过处分；给予广州市质量技术监督局白云、天河分局稽查科负责人行政警告处分。

（3）在农贸市场监管方面。给予白云区工商分局太和工商所巡查组负责人行政记过处分；给予钟落潭工商所分管负责人行政警告处分；由工商行政管理部门依法追究太和、钟落潭市场开办者的责任；天河区新塘街道办事处整治无证农贸市场不力，给予其分管领导行政警告处分。

（4）在出租屋管理方面。给予太和镇出租屋外来暂住人员管理服务中心负责人党内严重警告处分，解除两镇出租屋协管员的聘用关系；给予天河区新塘街外管中心负责人行政记大过处分；由公安机关依法依规追究出租屋主的责任。

2. 刑事和民事责任追究

2005 年 5 月 18 日，广州市中级人民法院一审判决广州毒酒案第一被告人程才明死刑，其他 14 名被告人或因是从犯、或有自首或立功的情节，被法院从轻和减轻处罚，分别判处有期徒刑1年半到13年不等。法庭还同时对“毒酒”案中受害人及其家属要求被告人赔偿经济损失的附带民事诉讼进行了合并判决，62名原告分别获得经济赔偿3 000元至19万元，总额130多万元。

案例2

东莞黑作坊制造、销售假冒产品事件

2008年8月，广东省东莞市城市管理综合执法局接到某国际调料品牌国内法务代理举报，称该局管辖范围内的凤岗镇雁田村有一家黑作坊生产多种国外品牌产品。综合执法局及时与举报人联系，核实举报情况的真实性，并积极组织工作人员到现场踩点，摸清楚现场情况。8月18日，综合执法局的工作人员在副局长的带领下，在该市凤岗镇雁田村查获价值近百万元的假冒高档调味产品，当场抓获制假以及运货人员3名，暂扣运货车一辆以及现金1.96万元。据初步统计，该案涉及包括国外的多个品牌。假冒产品中有酱油品牌龟甲万，在市场上，该酱油正品1.6升装价格接近50元，为国内最贵。运货人员证实，该制假工厂生产的产品主要销往深圳布吉农批、东莞宏远市场等批发市场，然后再销往各大酒店和西餐厅。产品出厂价格大概是每箱五六十元，到了经销商那里可以卖到120元左右，而这些假冒产品的成本算下来只要20元左右一箱。据东莞市城市管理综合执法局介绍，该涉嫌造假的工厂设在一栋厂房的4楼，工厂没有悬挂任何证照，没有取得相关许可证件，没有办理工商登记手续，属于一家“三无”作坊。

解析

我国对食品生产经营实行许可制度。民以食为天，食品是日常生活中重要的生活必需品，食品质量直接关系到公众的身体健康和生命安全，国家对食品生产经营活动实行许可制度不仅是必要的，也是必需的。《食品安全法》第29条规定：国家对食品生产经营实行许可制度。从事食品生产、食品流通、餐饮服务，应当依法取得食品生产许可、食品流通许可、餐饮服务许可。取得食品生产许可的食品生产者在其生产场所销售其生产的食品，不需要取得食品流通的许可；取得餐饮服务许可的餐饮服务提供者在其餐饮服务场所出售其制作加工的食品，不需要取得食品生产和流通的许可；农民个人销售其自产的食用农产品，不需要取得食品流通的许可。食品生产加工小作坊和食品摊贩从事食品生产经营活动，应

当符合本法规定的与其生产经营规模、条件相适应的食品安全要求，保证所生产经营的食品卫生、无毒、无害，有关部门应当对其加强监督管理，具体管理办法由省、自治区、直辖市人民代表大会常务委员会依照本法制定实施条例进一步明确食品生产经营许可制度的内容、程序和许可期限。《实施条例》第 20 条规定："设立食品生产企业，应当预先核准企业名称，依照食品安全法的规定取得食品生产许可后，办理工商登记。县级以上质量监督管理部门依照有关法律、行政法规规定审核相关资料、核查生产场所、检验相关产品；对相关资料、场所符合规定要求以及相关产品符合食品安全标准或者要求的，应当作出准予许可的决定。其他食品生产经营者应当在依法取得相应的食品生产许可、食品流通许可、餐饮服务许可后，办理工商登记。法律、法规对食品生产加工小作坊和食品摊贩另有规定的，依照其规定。食品生产许可、食品流通许可和餐饮服务许可的有效期为 3 年。"第 21 条规定："食品生产经营者的生产经营条件发生变化，不符合食品生产经营要求的，食品生产经营者应当立即采取整改措施；有发生食品安全事故的潜在风险的，应当立即停止食品生产经营活动，并向所在地县级质量监督、工商行政管理或者食品药品监督管理部门报告；需要重新办理许可手续的，应当依法办理。"县级以上质量监督、工商行政管理、食品药品监督管理部门应当加强对食品生产经营者生产经营活动的日常监督检查；发现不符合食品生产经营要求情形的，应当责令立即纠正，并依法予以处理；不再符合生产经营许可条件的，应当依法撤销相关许可。该制假工厂无证从事食品生产经营活动，属于违法行为。

该制假工厂在食品生产经营活动过程中，不仅违反实施条例关于食品生产经营许可制度和工商登记制度的规定，还涉嫌制造销售假冒产品，违反了《产品质量法》第 32 条关于生产者生产产品，不得掺杂、掺假，不得以假充真、以次充好，不得以不合格产品冒充合格产品的规定，应当由工商行政管理机关责令其停止生产经营活动，并依据《食品安全法》第 84 条的规定，给予相应的行政处罚。即"未经许可从事食品生产经营活动，或者未经许可生产食品添加剂的，由有关主管部门按照各自职责分工，没收违法所得、违法生产经营的食品、食品添加剂和用于违法生产经营的工具、设备、原料等物品；违法生产经营的食品、食品添加剂货值金额不足一万元的，并处二千元以上五万元以下罚款；货值金额一万元以上的，并处货值金额五倍以上十倍以下罚款"。

案例 3

金华敌敌畏火腿事件

著名的“金华火腿”是浙江金华的一个金字招牌。相传金华火腿起源于北宋，清朝时被列为贡品，以色、香、味、形“四绝”驰名中外。在浙江，素有“金华火腿出东阳，东阳火腿出上蒋，上蒋精品雪舫蒋”的民谚，金华有大大小小的火腿加工厂若干。2003 年 11 月 16 日，中央电视台“每周质量报告”报道，一些不法商贩和黑心老板，为追求食品暴利，不但利用病猪、死猪和老母猪加工制作火腿，还在加工过程中，为避免生虫、腐烂，竟然使用敌敌畏等农药进行浸泡和喷洒，这种连苍蝇都不敢往前“凑”的“毒火腿”，一旦被人食用，将会对人体产生极大损害。浙江金华“敌敌畏火腿事件”曝光后，整个社会为之震惊。当天下午，金华市质量监督局就立即着手对这起事件进行全面调查，查封了永泰、旭春两家火腿加工厂及其销售门市部，对已经外流的问题火腿责成限期追回。11 月 18 日，金华市有关部门组成联合调查组，分赴全市范围内的各火腿生产企业展开拉网式检查，所有使用有毒或有害物质生产加工的火腿或反季节火腿，对严重违反国家食品卫生法、产品质量法及相关法律法规规定的火腿，一律进行收缴、封存。11 月 19 日下午，连日收缴的 1 403 只问题火腿被集中彻底销毁。2004 年 6 月 3 日，浙江金华市金东区人民法院对“敌敌畏火腿”一案进行第二次开庭审理，并当庭作出一审判决，以生产有毒、有害食品罪分别判处被告人曹锡平有期徒刑两年，并处罚金 2 万元。“敌敌畏火腿事件”在整个社会引发“多米诺骨牌”式的食品信任危机，使金华着力打造千年的“城市名片”瞬间蒙垢，也给浙江火腿产业及其他食品行业带来沉重打击。

解析

食品生产是保证食品安全的关键环节，食品生产应当符合食品安全标准，这是我国法律对食品生产企业的强制性规定。食品生产经营是一个相互联系、相互影响的有机链条，任何一个环节出了问题都可能导致食品本身的不安全。食品生产作为对食品原材料进行直接加工制作的第一道工序，是确保食品卫生、安全的前提和基础，规范食品生产经营企业的食品生产行为，可以有效防止和减少食品污染、腐败、变质。《食品安全法》第 28 条规定，食品生产经营企业禁止生产经营以下食品：一是用非食品原料生产的食品或者添加食品添加剂以外的化学物质和其他可能危害人体健康的物质的食品，或者用回收食品作为原料生产的食品；二是致病性微生物、农药残留、兽药残留、重金属、污染物质以及其他危害人体健康的物质含量超过食品安全标准限量的食品；三是营养成分不符合食品安全标准的专供婴幼儿和其他特定人群的主辅食品；四是腐败变质、油脂酸败、霉变生虫、污秽不洁、混有异物、掺假掺杂或者感官性状异常的食品；五是病死、毒死或者死因不明的禽、畜、兽、水产动物肉类及其制品；六是未经动物卫生监督机构检疫或者检疫不合格的肉类，或者未经检验或者检验不合格的肉类制品；七是被包装材料、容器、运输工具等污染的食品；八是超过保质期的食品；九是无标签的预包装食品；十是国家为防病等特殊需要明令禁止生产经营的食品；十一是其他不符合食品安全标准或者要求的食品。

完善食品生产经营管理制度是保障食品安全的重要手段。为落实企业作为食品安全第一责任人的责任，强化事先预防和生产经营过程的控制，《实施条例》进一步强化了食品生产经营企业的安全管理责任。①明确企业内部安全管理制度的内容。要组织职工参加食品安全培训。《实施条例》第 22 条规定：食品生产经营企业应当依照食品安全法第 32 条的规定组织职工参加食品安全知识培训，学习食品安全法律、法规、规章、标准和其他食品安全知识，并建立培训档案。②制定食品生产过程的安全管理措施。一是要建立并执行原料验收、生产过程安全管理、储存管理、设备管理、不合格产品管理等食品安全管理制度，不断完善食品安全保障体系，保证食品安全。《实施条例》第 26 条规定："食品生产企业应当建立并执行原料验收、生产过程安全管理、储存管理、设备管理、不合格产品管理等食品安全管理制度，不断完善食品安全保障体系，保证食品安全。"二是要制定并实施采购控制、投料环节等生产关键过程控制、包装储存运输控制以及检验控制等措施。在食品生产过程中发生不符合控制措施要求的，应当立即查明原因并采取纠正措施。《实施条例》第 27 条规定："食品生产企业应当就下列事项制定并实施控制要求，保证出厂的食品符合食品安全标准：（一）原料采购、原料验收、投料等原料控制；（二）生产工序、设备、储存、包装等生产关键环节控制；（三）原料检验、半成品检验、成品出厂检验等检验控制；（四）运输、交付控制。食品生产过程中有不符合控制要求情形的，食品生产企业应当立即查明原因并采取整改措施。"③建立食品生产过程安全管理记录制度。《实施条例》第 24 条规定："食品生产经营企业应当依照食品安全法第 36 条第 2 款、第 37 条第 1 款、第 39 条第 2 款的规定建立进货查验记录制度、食品出厂检验记录制度，如实记录法律规定记录的事项，或者保留载有相关信息的进货或者销售票据。记录、票据的保存期限不得少于 2 年。"《实施条例》第 25 条规定："实行集中统一采购原料的集团性食品生产企业，可以由企业总部统一查验供货者的许可证和产品合格证明文件，进行进货查验记录；对无法提供合格证明文件的食品原料，应当依照食品安全标准进行检验。”《实施条例》第 28 条规定：“食品生产企业除依照食品安全法第 36 条、第 37 条规定进行进货查验记录和食品出厂检验记录外，还应当如实记录食品生产过程的安全管理情况。记录的保存期限不得少于 2 年。”

“敌敌畏火腿事件”暴露了食品生产企业内部食品安全管理制度的严重缺失。在本案中，部分火腿加工厂不但利用病猪、死猪和老母猪加工制作火腿，还在加工过程中使用敌敌畏等农药对火腿进行防虫、防腐处理，严重违反了《食品安全法》第 28 条有关禁止性规定，明显属于不符合国家食品安全标准的食品。然而，即使这样的食品也能走出工厂，摆上消费者的餐桌，这不仅让食品安全管理外部机制成为公众质疑的对象，也暴露出食品生产企业安全生产责任的不到位，一是采购环节控制不力，二是投料环节管理不力，三是出厂环节管理不力。正是由于缺乏严格的控制制度，才导致“敌敌畏火腿事件”在社会上引发“多米诺骨牌”效应。食品生产企业是公众日常消费食品的主要供给者，应该树立食品安全第一责任人意识，按照食品安全法和实施条例规定的内容、措施和相关制度，建立健全食品安全管理制度，切实维护公众身体健康和生命安全。

附录一

中华人民共和国食品安全法

（2009 年 2 月 28 日第十一届全国人民代表大会常务委员会第七次会议通过，主席令第九号公布，自 2009 年 6 月 1 日起施行）

第一章　总　则

第一条　为保证食品安全，保障公众身体健康和生命安全，制定本法。

第二条　在中华人民共和国境内从事下列活动，应当遵守本法：

（一）食品生产和加工（以下简称食品生产），食品流通和餐饮服务（以下简称食品经营）；

（二）食品添加剂的生产经营；

（三）用于食品的包装材料、容器、洗涤剂、消毒剂和用于食品生产经营的工具、设备（以下简称食品相关产品）的生产经营；

（四）食品生产经营者使用食品添加剂、食品相关产品；

（五）对食品、食品添加剂和食品相关产品的安全管理。

供食用的源于农业的初级产品（以下简称食用农产品）的质量安全管理，遵守《中华人民共和国农产品质量安全法》的规定。但是，制定有关食用农产品的质量安全标准、公布食用农产品安全有关信息，应当遵守本法的有关规定。

第三条　食品生产经营者应当依照法律、法规和食品安全标准从事生产经营活动，对社会和公众负责，保证食品安全，接受社会监督，承担社会责任。

第四条　国务院设立食品安全委员会，其工作职责由国务院规定。

国务院卫生行政部门承担食品安全综合协调职责，负责食品安全风险评估、食品安全标准制定、食品安全信息公布、食品检验机构的资质认定条件和检验规范的制定，组织查处食品安全重大事故。

国务院质量监督、工商行政管理和国家食品药品监督管理部门依照本法和国务院规定的职责，分别对食品生产、食品流通、餐饮服务活动实施监督管理。

第五条　县级以上地方人民政府统一负责、领导、组织、协调本行政区域的食品安全监督管理工作，建立健全食品安全全程监督管理的工作机制；统一领导、指挥食品安全突发事件应对工作；完善、落实食品安全监督管理责任制，对食品安全监督管理部门进行评议、考核。

县级以上地方人民政府依照本法和国务院的规定确定本级卫生行政、农业行政、质量监督、工商行政管理、食品药品监督管理部门的食品安全监督管理职责。有关部门在各自职责范围内负责本行政区域的食品安全监督管理工作。

上级人民政府所属部门在下级行政区域设置的机构应当在所在地人民政府的统一组织、协调下，依法做好食品安全监督管理工作。

第六条 县级以上卫生行政、农业行政、质量监督、工商行政管理、食品药品监督管理部门应当加强沟通、密切配合，按照各自职责分工，依法行使职权，承担责任。

第七条 食品行业协会应当加强行业自律，引导食品生产经营者依法生产经营，推动行业诚信建设，宣传、普及食品安全知识。

第八条 国家鼓励社会团体、基层群众性自治组织开展食品安全法律、法规以及食品安全标准和知识的普及工作，倡导健康的饮食方式，增强消费者食品安全意识和自我保护能力。

新闻媒体应当开展食品安全法律、法规以及食品安全标准和知识的公益宣传，并对违反本法的行为进行舆论监督。

第九条 国家鼓励和支持开展与食品安全有关的基础研究和应用研究，鼓励和支持食品生产经营者为提高食品安全水平采用先进技术和先进管理规范。

第十条 任何组织或者个人有权举报食品生产经营中违反本法的行为，有权向有关部门了解食品安全信息，对食品安全监督管理工作提出意见和建议。

第二章 食品安全风险监测和评估

第十一条 国家建立食品安全风险监测制度，对食源性疾病、食品污染以及食品中的有害因素进行监测。

国务院卫生行政部门会同国务院有关部门制定、实施国家食品安全风险监测计划。省、自治区、直辖市人民政府卫生行政部门根据国家食品安全风险监测计划，结合本行政区域的具体情况，组织制定、实施本行政区域的食品安全风险监测方案。

第十二条 国务院农业行政、质量监督、工商行政管理和国家食品药品监督管理等有关部门获知有关食品安全风险信息后，应当立即向国务院卫生行政部门通报。国务院卫生行政部门会同有关部门对信息核实后，应当及时调整食品安全风险监测计划。

第十三条 国家建立食品安全风险评估制度，对食品、食品添加剂中生物性、化学性和物理性危害进行风险评估。

国务院卫生行政部门负责组织食品安全风险评估工作，成立由医学、农业、食品、营养等方面的专家组成的食品安全风险评估专家委员会进行食品安全风险评估。

对农药、肥料、生长调节剂、兽药、饲料和饲料添加剂等的安全性评估，应当有食品安全风险评估专家委员会的专家参加。

食品安全风险评估应当运用科学方法，根据食品安全风险监测信息、科学数据以及其他有关信息进行。

第十四条 国务院卫生行政部门通过食品安全风险监测或者接到举报发现食品可能存在安全隐患的，应当立即组织进行检验和食品安全风险评估。

第十五条 国务院农业行政、质量监督、工商行政管理和国家食品药品监督管理等有关部门应当向国务院卫生行政部门提出食品安全风险评估的建议，并提供有关信息和资料。

国务院卫生行政部门应当及时向国务院有关部门通报食品安全风险评估的结果。

第十六条 食品安全风险评估结果是制定、修订食品安全标准和对食品安全实施监督管理的科学依据。

食品安全风险评估结果得出食品不安全结论的，国务院质量监督、工商行政管理和国家食品药品监督管理部门应当依据各自职责立即采取相应措施，确保该食品停止生产经营，并告知消费者停止食用；需要制定、修订相关食品安全国家标准的，国务院卫生行政部门应当立即制定、修订。

第十七条 国务院卫生行政部门应当会同国务院有关部门，根据食品安全风险评估结果、食品安全监督管理信息，对食品安全状况进行综合分析。对经综合分析表明可能具有较高程度安全风险的食品，国务院卫生行政部门应当及时提出食品安全风险警示，并予以公布。

第三章　食品安全标准

第十八条 制定食品安全标准，应当以保障公众身体健康为宗旨，做到科学合理、安全可靠。

第十九条　食品安全标准是强制执行的标准。除食品安全标准外，不得制定其他的食品强制性标准。

第二十条　食品安全标准应当包括下列内容：

（一）食品、食品相关产品中的致病性微生物、农药残留、兽药残留、重金属、污染物质以及其他危害人体健康物质的限量规定；

（二）食品添加剂的品种、使用范围、用量；

（三）专供婴幼儿和其他特定人群的主辅食品的营养成分要求；

（四）对与食品安全、营养有关的标签、标志、说明书的要求；

（五）食品生产经营过程的卫生要求；

（六）与食品安全有关的质量要求；

（七）食品检验方法与规程；

（八）其他需要制定为食品安全标准的内容。

第二十一条　食品安全国家标准由国务院卫生行政部门负责制定、公布，国务院标准化行政部门提供国家标准编号。

食品中农药残留、兽药残留的限量规定及其检验方法与规程由国务院卫生行政部门、国务院农业行政部门制定。

屠宰畜、禽的检验规程由国务院有关主管部门会同国务院卫生行政部门制定。

有关产品国家标准涉及食品安全国家标准规定内容的，应当与食品安全国家标准相一致。

第二十二条　国务院卫生行政部门应当对现行的食用农产品质量安全标准、食品卫生标准、食品质量标准和有关食品的行业标准中强制执行的标准予以整合，统一公布为食品安全国家标准。

本法规定的食品安全国家标准公布前，食品生产经营者应当按照现行食用农产品质量安全标准、食品卫生标准、食品质量标准和有关食品的行业标准生产经营食品。

第二十三条　食品安全国家标准应当经食品安全国家标准审评委员会审查通过。食品安全国家标准审评委员会由医学、农业、食品、营养等方面的专家以及国务院有关部门的代表组成。

制定食品安全国家标准，应当依据食品安全风险评估结果并充分考虑食用农产品质量安全风险评估结果，参照相关的国际标准和国际食品安全风险评估结果，并广泛听取食品生产经营者和消费者的意见。

第二十四条　没有食品安全国家标准的，可以制定食品安全地方标准。

省、自治区、直辖市人民政府卫生行政部门组织制定食品安全地方标准，应当参照执行本法有关食品安全国家标准制定的规定，并报国务院卫生行政部门备案。

第二十五条　企业生产的食品没有食品安全国家标准或者地方标准的，应当制定企业标准，作为组织生产的依据。国家鼓励食品生产企业制定严于食品安全国家标准或者地方标准的企业标准。企业标准应当报省级卫生行政部门备案，在本企业内部适用。

第二十六条　食品安全标准应当供公众免费查阅。

第四章　食品生产经营

第二十七条　食品生产经营应当符合食品安全标准，并符合下列要求：

（一）具有与生产经营的食品品种、数量相适应的食品原料处理和食品加工、包装、储存等场所，保持该场所环境整洁，并与有毒、有害场所以及其他污染源保持规定的距离；

（二）具有与生产经营的食品品种、数量相适应的生产经营设备或者设施，有相应的消毒、更衣、盥洗、采光、照明、通风、防腐、防尘、防蝇、防鼠、防虫、洗涤以及处理废水、存放垃圾和废弃物的设备或者设施；

（三）有食品安全专业技术人员、管理人员和保证食品安全的规章制度；

（四）具有合理的设备布局和工艺流程，防止待加工食品与直接入口食品、原料与成品交叉污染，避免食品接触有毒物、不洁物；

（五）餐具、饮具和盛放直接入口食品的容器，使用前应当洗净、消毒，炊具、用具用后应当洗净，保持清洁；

（六）储存、运输和装卸食品的容器、工具和设备应当安全、无害，保持清洁，防止食品污染，并符合保证食品安全所需的温度等特殊要求，不得将食品与有毒、有害物品一同运输；

（七）直接入口的食品应当有小包装或者使用无毒、清洁的包装材料、餐具；

（八）食品生产经营人员应当保持个人卫生，生产经营食品时，应当将手洗净，穿戴清洁的工作衣、帽；销售无包装的直接入口食品时，应当使用无毒、清洁的售货工具；

（九）用水应当符合国家规定的生活饮用水卫生标准；

（十）使用的洗涤剂、消毒剂应当对人体安全、无害；

（十一）法律、法规规定的其他要求。

第二十八条　禁止生产经营下列食品：

（一）用非食品原料生产的食品或者添加食品添加剂以外的化学物质和其他可能危害人体健康物质的食品，或者用回收食品作为原料生产的食品；

（二）致病性微生物、农药残留、兽药残留、重金属、污染物质以及其他危害人体健康的物质含量超过食品安全标准限量的食品；

（三）营养成分不符合食品安全标准的专供婴幼儿和其他特定人群的主辅食品；

（四）腐败变质、油脂酸败、霉变生虫、污秽不洁、混有异物、掺假掺杂或者感官性状异常的食品；

（五）病死、毒死或者死因不明的禽、畜、兽、水产动物肉类及其制品；

（六）未经动物卫生监督机构检疫或者检疫不合格的肉类，或者未经检验或者检验不合格的肉类制品；

（七）被包装材料、容器、运输工具等污染的食品；

（八）超过保质期的食品；

（九）无标签的预包装食品；

（十）国家为防病等特殊需要明令禁止生产经营的食品；

（十一）其他不符合食品安全标准或者要求的食品。

第二十九条　国家对食品生产经营实行许可制度。从事食品生产、食品流通、餐饮服务，应当依法取得食品生产许可、食品流通许可、餐饮服务许可。

取得食品生产许可的食品生产者在其生产场所销售其生产的食品，不需要取得食品流通的许可；取得餐饮服务许可的餐饮服务提供者在其餐饮服务场所出售其制作加工的食品，不需要取得食品生产和流通的许可；农民个人销售其自产的食用农产品，不需要取得食品流通的许可。

食品生产加工小作坊和食品摊贩从事食品生产经营活动，应当符合本法规定的与其生产经营规模、条件相适应的食品安全要求，保证所生产经营的食品卫生、无毒、无害，有关部门应当对其加强监督管理，具体管理办法由省、自治区、直辖市人民代表大会常务委员会依照本法制定。

第三十条　县级以上地方人民政府鼓励食品生产加工小作坊改进生产条件；鼓励食品摊贩进入集中交易市场、店铺等固定场所经营。

第三十一条　县级以上质量监督、工商行政管理、食品药品监督管理部门应当依照《中华人民共和国行政许可法》的规定，审核申请人提交的本法第二十七条第一项至第四项规定要求的相关资料，必要时对申请人的生产经营场所进行现场核查；对符合规定条件的，决定准予许可；对不符合规定条件的，决定不予许可并书面说明理由。

第三十二条 食品生产经营企业应当建立健全本单位的食品安全管理制度，加强对职工食品安全知识的培训，配备专职或者兼职食品安全管理人员，做好对所生产经营食品的检验工作，依法从事食品生产经营活动。

第三十三条 国家鼓励食品生产经营企业符合良好生产规范要求，实施危害分析与关键控制点体系，提高食品安全管理水平。

对通过良好生产规范、危害分析与关键控制点体系认证的食品生产经营企业，认证机构应当依法实施跟踪调查；对不再符合认证要求的企业，应当依法撤销认证，及时向有关质量监督、工商行政管理、食品药品监督管理部门通报，并向社会公布。认证机构实施跟踪调查不收取任何费用。

第三十四条 食品生产经营者应当建立并执行从业人员健康管理制度。患有痢疾、伤寒、病毒性肝炎等消化道传染病的人员，以及患有活动性肺结核、化脓性或者渗出性皮肤病等有碍食品安全的疾病的人员，不得从事接触直接入口食品的工作。

食品生产经营人员每年应当进行健康检查，取得健康证明后方可参加工作。

第三十五条 食用农产品生产者应当依照食品安全标准和国家有关规定使用农药、肥料、生长调节剂、兽药、饲料和饲料添加剂等农业投入品。食用农产品的生产企业和农民专业合作经济组织应当建立食用农产品生产记录制度。

县级以上农业行政部门应当加强对农业投入品使用的管理和指导，建立健全农业投入品的安全使用制度。

第三十六条 食品生产者采购食品原料、食品添加剂、食品相关产品，应当查验供货者的许可证和产品合格证明文件；对无法提供合格证明文件的食品原料，应当依照食品安全标准进行检验；不得采购或者使用不符合食品安全标准的食品原料、食品添加剂、食品相关产品。

食品生产企业应当建立食品原料、食品添加剂、食品相关产品进货查验记录制度，如实记录食品原料、食品添加剂、食品相关产品的名称、规格、数量、供货者名称及联系方式、进货日期等内容。

食品原料、食品添加剂、食品相关产品进货查验记录应当真实，保存期限不得少于二年。

第三十七条 食品生产企业应当建立食品出厂检验记录制度，查验出厂食品的检验合格证和安全状况，并如实记录食品的名称、规格、数量、生产日期、生产批号、检验合格证号、购货者名称及联系方式、销售日期等内容。

食品出厂检验记录应当真实，保存期限不得少于二年。

第三十八条　食品、食品添加剂和食品相关产品的生产者，应当依照食品安全标准对所生产的食品、食品添加剂和食品相关产品进行检验，检验合格后方可出厂或者销售。

第三十九条　食品经营者采购食品，应当查验供货者的许可证和食品合格的证明文件。

食品经营企业应当建立食品进货查验记录制度，如实记录食品的名称、规格、数量、生产批号、保质期、供货者名称及联系方式、进货日期等内容。

食品进货查验记录应当真实，保存期限不得少于二年。

实行统一配送经营方式的食品经营企业，可以由企业总部统一查验供货者的许可证和食品合格的证明文件，进行食品进货查验记录。

第四十条　食品经营者应当按照保证食品安全的要求储存食品，定期检查库存食品，及时清理变质或者超过保质期的食品。

第四十一条　食品经营者储存散装食品，应当在储存位置标明食品的名称、生产日期、保质期、生产者名称及联系方式等内容。

食品经营者销售散装食品，应当在散装食品的容器、外包装上标明食品的名称、生产日期、保质期、生产经营者名称及联系方式等内容。

第四十二条　预包装食品的包装上应当有标签。标签应当标明下列事项：

（一）名称、规格、净含量、生产日期；

（二）成分或者配料表；

（三）生产者的名称、地址、联系方式；

（四）保质期；

（五）产品标准代号；

（六）储存条件；

（七）所使用的食品添加剂在国家标准中的通用名称；

（八）生产许可证编号；

（九）法律、法规或者食品安全标准规定必须标明的其他事项。

专供婴幼儿和其他特定人群的主辅食品，其标签还应当标明主要营养成分及其含量。

第四十三条　国家对食品添加剂的生产实行许可制度。申请食品添加剂生产许可的条件、程序，按照国家有关工业产品生产许可证管理的规定执行。

第四十四条　申请利用新的食品原料从事食品生产或者从事食品添加剂新品种、食品相关产品新品种生产活动的单位或者个人，应当向国务院卫生行政部门提交相关产品的安全性评估材料。国务院卫生行政部门应当自收到申请之日起六十日内组织对相关产品的安全性评估材料进行审查；对符合食品安全要求的，依法决定准予许可并予以公布；对不符合食品安全要求的，决定不予许可并书面说明理由。

第四十五条 食品添加剂应当在技术上确有必要且经过风险评估证明安全可靠，方可列入允许使用的范围。国务院卫生行政部门应当根据技术必要性和食品安全风险评估结果，及时对食品添加剂的品种、使用范围、用量的标准进行修订。

第四十六条 食品生产者应当依照食品安全标准关于食品添加剂的品种、使用范围、用量的规定使用食品添加剂；不得在食品生产中使用食品添加剂以外的化学物质和其他可能危害人体健康的物质。

第四十七条 食品添加剂应当有标签、说明书和包装。标签、说明书应当载明本法第四十二条第一款第一项至第六项、第八项、第九项规定的事项，以及食品添加剂的使用范围、用量、使用方法，并在标签上载明“食品添加剂”字样。

第四十八条 食品和食品添加剂的标签、说明书，不得含有虚假、夸大的内容，不得涉及疾病预防、治疗功能。生产者对标签、说明书上所载明的内容负责。

食品和食品添加剂的标签、说明书应当清楚、明显，容易辨识。

食品和食品添加剂与其标签、说明书所载明的内容不符的，不得上市销售。

第四十九条 食品经营者应当按照食品标签标示的警示标志、警示说明或者注意事项的要求，销售预包装食品。

第五十条 生产经营的食品中不得添加药品，但是可以添加按照传统既是食品又是中药材的物质。按照传统既是食品又是中药材的物质的目录由国务院卫生行政部门制定、公布。

第五十一条 国家对声称具有特定保健功能的食品实行严格监管。有关监督管理部门应当依法履职，承担责任。具体管理办法由国务院规定。

声称具有特定保健功能的食品不得对人体产生急性、亚急性或者慢性危害，其标签、说明书不得涉及疾病预防、治疗功能，内容必须真实，应当载明适宜人群、不适宜人群、功效成分或者标志性成分及其含量等；产品的功能和成分必须与标签、说明书相一致。

第五十二条 集中交易市场的开办者、柜台出租者和展销会举办者，应当审查入场食品经营者的许可证，明确入场食品经营者的食品安全管理责任，定期对入场食品经营者的经营环境和条件进行检查，发现食品经营者有违反本法规定的行为的，应当及时制止并立即报告所在地县级工商行政管理部门或者食品药品监督管理部门。

集中交易市场的开办者、柜台出租者和展销会举办者未履行前款规定义务，本市场发生食品安全事故的，应当承担连带责任。

第五十三条　国家建立食品召回制度。食品生产者发现其生产的食品不符合食品安全标准，应当立即停止生产，召回已经上市销售的食品，通知相关生产经营者和消费者，并记录召回和通知情况。

食品经营者发现其经营的食品不符合食品安全标准，应当立即停止经营，通知相关生产经营者和消费者，并记录停止经营和通知情况。食品生产者认为应当召回的，应当立即召回。

食品生产者应当对召回的食品采取补救、无害化处理、销毁等措施，并将食品召回和处理情况向县级以上质量监督部门报告。

食品生产经营者未依照本条规定召回或者停止经营不符合食品安全标准的食品的，县级以上质量监督、工商行政管理、食品药品监督管理部门可以责令其召回或者停止经营。

第五十四条　食品广告的内容应当真实合法，不得含有虚假、夸大的内容，不得涉及疾病预防、治疗功能。

食品安全监督管理部门或者承担食品检验职责的机构、食品行业协会、消费者协会不得以广告或者其他形式向消费者推荐食品。

第五十五条　社会团体或者其他组织、个人在虚假广告中向消费者推荐食品，使消费者的合法权益受到损害的，与食品生产经营者承担连带责任。

第五十六条　地方各级人民政府鼓励食品规模化生产和连锁经营、配送。

第五章　食品检验

第五十七条　食品检验机构按照国家有关认证认可的规定取得资质认定后，方可从事食品检验活动。但是，法律另有规定的除外。

食品检验机构的资质认定条件和检验规范，由国务院卫生行政部门规定。

本法施行前经国务院有关主管部门批准设立或者经依法认定的食品检验机构，可以依照本法继续从事食品检验活动。

第五十八条　食品检验由食品检验机构指定的检验人独立进行。

检验人应当依照有关法律、法规的规定，并依照食品安全标准和检验规范对食品进行检验，尊重科学，恪守职业道德，保证出具的检验数据和结论客观、公正，不得出具虚假的检验报告。

第五十九条 食品检验实行食品检验机构与检验人负责制。食品检验报告应当加盖食品检验机构公章，并有检验人的签名或者盖章。食品检验机构和检验人对出具的食品检验报告负责。

第六十条 食品安全监督管理部门对食品不得实施免检。

县级以上质量监督、工商行政管理、食品药品监督管理部门应当对食品进行定期或者不定期的抽样检验。进行抽样检验，应当购买抽取的样品，不收取检验费和其他任何费用。

县级以上质量监督、工商行政管理、食品药品监督管理部门在执法工作中需要对食品进行检验的，应当委托符合本法规定的食品检验机构进行，并支付相关费用。对检验结论有异议的，可以依法进行复检。

第六十一条 食品生产经营企业可以自行对所生产的食品进行检验，也可以委托符合本法规定的食品检验机构进行检验。

食品行业协会等组织、消费者需要委托食品检验机构对食品进行检验的，应当委托符合本法规定的食品检验机构进行。

第六章 食品进出口

第六十二条 进口的食品、食品添加剂以及食品相关产品应当符合我国食品安全国家标准。

进口的食品应当经出入境检验检疫机构检验合格后，海关凭出入境检验检疫机构签发的通关证明放行。

第六十三条 进口尚无食品安全国家标准的食品，或者首次进口食品添加剂新品种、食品相关产品新品种，进口商应当向国务院卫生行政部门提出申请并提交相关的安全性评估材料。国务院卫生行政部门依照本法第四十四条的规定作出是否准予许可的决定，并及时制定相应的食品安全国家标准。

第六十四条 境外发生的食品安全事件可能对我国境内造成影响，或者在进口食品中发现严重食品安全问题的，国家出入境检验检疫部门应当及时采取风险预警或者控制措施，并向国务院卫生行政、农业行政、工商行政管理和国家食品药品监督管理部门通报。接到通报的部门应当及时采取相应措施。

第六十五条 向我国境内出口食品的出口商或者代理商应当向国家出入境检验检疫部门备案。向我国境内出口食品的境外食品生产企业应当经国家出入境检验检疫部门注册。

国家出入境检验检疫部门应当定期公布已经备案的出口商、代理商和已经注册的境外食品生产企业名单。

第六十六条 进口的预包装食品应当有中文标签、中文说明书。标签、说明书应当符合本法以及我国其他有关法律、行政法规的规定和食品安全国家标准的要求，载明食品的原产地以及境内代理商的名称、地址、联系方式。预包装食品没有中文标签、中文说明书或者标签、说明书不符合本条规定的，不得进口。

第六十七条 进口商应当建立食品进口和销售记录制度，如实记录食品的名称、规格、数量、生产日期、生产或者进口批号、保质期、出口商和购货者名称及联系方式、交货日期等内容。

食品进口和销售记录应当真实，保存期限不得少于二年。

第六十八条 出口的食品由出入境检验检疫机构进行监督、抽检，海关凭出入境检验检疫机构签发的通关证明放行。

出口食品生产企业和出口食品原料种植、养殖场应当向国家出入境检验检疫部门备案。

第六十九条 国家出入境检验检疫部门应当收集、汇总进出口食品安全信息，并及时通报相关部门、机构和企业。

国家出入境检验检疫部门应当建立进出口食品的进口商、出口商和出口食品生产企业的信誉记录，并予以公布。对有不良记录的进口商、出口商和出口食品生产企业，应当加强对其进出口食品的检验检疫。

第七章 食品安全事故处置

第七十条 国务院组织制定国家食品安全事故应急预案。

县级以上地方人民政府应当根据有关法律、法规的规定和上级人民政府的食品安全事故应急预案以及本地区的实际情况，制定本行政区域的食品安全事故应急预案，并报上一级人民政府备案。

食品生产经营企业应当制定食品安全事故处置方案，定期检查本企业各项食品安全防范措施的落实情况，及时消除食品安全事故隐患。

第七十一条 发生食品安全事故的单位应当立即予以处置，防止事故扩大。事故发生单位和接收病人进行治疗的单位应当及时向事故发生地县级卫生行政部门报告。

农业行政、质量监督、工商行政管理、食品药品监督管理部门在日常监督管理中发现食品安全事故，或者接到有关食品安全事故的举报，应当立即向卫生行政部门通报。

发生重大食品安全事故的，接到报告的县级卫生行政部门应当按照规定向本级人民政府和上级人民政府卫生行政部门报告。县级人民政府和上级人民政府卫生行政部门应当按照规定上报。

任何单位或者个人不得对食品安全事故隐瞒、谎报、缓报，不得毁灭有关证据。

第七十二条 县级以上卫生行政部门接到食品安全事故的报告后，应当立即会同有关农业行政、质量监督、工商行政管理、食品药品监督管理部门进行调查处理，并采取下列措施，防止或者减轻社会危害：

（一）开展应急救援工作，对因食品安全事故导致人身伤害的人员，卫生行政部门应当立即组织救治；

（二）封存可能导致食品安全事故的食品及其原料，并立即进行检验；对确认属于被污染的食品及其原料，责令食品生产经营者依照本法第五十三条的规定予以召回、停止经营并销毁；

（三）封存被污染的食品用工具及用具，并责令进行清洗消毒；

（四）做好信息发布工作，依法对食品安全事故及其处理情况进行发布，并对可能产生的危害加以解释、说明。

发生重大食品安全事故的，县级以上人民政府应当立即成立食品安全事故处置指挥机构，启动应急预案，依照前款规定进行处置。

第七十三条 发生重大食品安全事故，设区的市级以上人民政府卫生行政部门应当立即会同有关部门进行事故责任调查，督促有关部门履行职责，向本级人民政府提出事故责任调查处理报告。

重大食品安全事故涉及两个以上省、自治区、直辖市的，由国务院卫生行政部门依照前款规定组织事故责任调查。

第七十四条 发生食品安全事故，县级以上疾病预防控制机构应当协助卫生行政部门和有关部门对事故现场进行卫生处理，并对与食品安全事故有关的因素开展流行病学调查。

第七十五条 调查食品安全事故，除了查明事故单位的责任，还应当查明负有监督管理和认证职责的监督管理部门、认证机构的工作人员失职、渎职情况。

第八章 监督管理

第七十六条 县级以上地方人民政府组织本级卫生行政、农业行政、质量监督、工商行政管理、食品药品监督管理部门制定本行政区域的食品安全年度监督管理计划，并按照年度计划组织开展工作。

第七十七条 县级以上质量监督、工商行政管理、食品药品监督管理部门履行各自食品安全监督管理职责，有权采取下列措施：

（一）进入生产经营场所实施现场检查；

（二）对生产经营的食品进行抽样检验；

（三）查阅、复制有关合同、票据、账簿以及其他有关资料；

（四）查封、扣押有证据证明不符合食品安全标准的食品，违法使用的食品原料、食品添加剂、食品相关产品，以及用于违法生产经营或者被污染的工具、设备；

（五）查封违法从事食品生产经营活动的场所。

县级以上农业行政部门应当依照《中华人民共和国农产品质量安全法》规定的职责，对食用农产品进行监督管理。

第七十八条 县级以上质量监督、工商行政管理、食品药品监督管理部门对食品生产经营者进行监督检查，应当记录监督检查的情况和处理结果。监督检查记录经监督检查人员和食品生产经营者签字后归档。

第七十九条 县级以上质量监督、工商行政管理、食品药品监督管理部门应当建立食品生产经营者食品安全信用档案，记录许可颁发、日常监督检查结果、违法行为查处等情况；根据食品安全信用档案的记录，对有不良信用记录的食品生产经营者增加监督检查频次。

第八十条 县级以上卫生行政、质量监督、工商行政管理、食品药品监督管理部门接到咨询、投诉、举报，对属于本部门职责的，应当受理，并及时进行答复、核实、处理；对不属于本部门职责的，应当书面通知并移交有权处理的部门处理。有权处理的部门应当及时处理，不得推诿；属于食品安全事故的，依照本法第七章有关规定进行处置。

第八十一条 县级以上卫生行政、质量监督、工商行政管理、食品药品监督管理部门应当按照法定权限和程序履行食品安全监督管理职责；对生产经营者的同一违法行为，不得给予二次以上罚款的行政处罚；涉嫌犯罪的，应当依法向公安机关移送。

第八十二条 国家建立食品安全信息统一公布制度。下列信息由国务院卫生行政部门统一公布：

（一）国家食品安全总体情况；

（二）食品安全风险评估信息和食品安全风险警示信息；

（三）重大食品安全事故及其处理信息；

（四）其他重要的食品安全信息和国务院确定的需要统一公布的信息。

前款第二项、第三项规定的信息，其影响限于特定区域的，也可以由有关省、自治区、直辖市人民政府卫生行政部门公布。县级以上农业行政、质量监督、工商行政管理、食品药品监督管理部门依据各自职责公布食品安全日常监督管理信息。

食品安全监督管理部门公布信息，应当做到准确、及时、客观。

第八十三条 县级以上地方卫生行政、农业行政、质量监督、工商行政管理、食品药品监督管理部门获知本法第八十二条第一款规定的需要统一公布的信息，应当向上级主管部门报告，由上级主管部门立即报告国务院卫生行政部门；必要时，可以直接向国务院卫生行政部门报告。

县级以上卫生行政、农业行政、质量监督、工商行政管理、食品药品监督管理部门应当相互通报获知的食品安全信息。

第九章 法律责任

第八十四条 违反本法规定，未经许可从事食品生产经营活动，或者未经许可生产食品添加剂的，由有关主管部门按照各自职责分工，没收违法所得、违法生产经营的食品、食品添加剂和用于违法生产经营的工具、设备、原料等物品；违法生产经营的食品、食品添加剂货值金额不足一万元的，并处二千元以上五万元以下罚款；货值金额一万元以上的，并处货值金额五倍以上十倍以下罚款。

第八十五条 违反本法规定，有下列情形之一的，由有关主管部门按照各自职责分工，没收违法所得、违法生产经营的食品和用于违法生产经营的工具、设备、原料等物品；违法生产经营的食品货值金额不足一万元的，并处二千元以上五万元以下罚款；货值金额一万元以上的，并处货值金额五倍以上十倍以下罚款；情节严重的，吊销许可证：

（一）用非食品原料生产食品或者在食品中添加食品添加剂以外的化学物质和其他可能危害人体健康的物质，或者用回收食品作为原料生产食品；

（二）生产经营致病性微生物、农药残留、兽药残留、重金属、污染物质以及其他危害人体健康的物质含量超过食品安全标准限量的食品；

（三）生产经营营养成分不符合食品安全标准的专供婴幼儿和其他特定人群的主辅食品；

（四）经营腐败变质、油脂酸败、霉变生虫、污秽不洁、混有异物、掺假掺杂或者感官性状异常的食品；

（五）经营病死、毒死或者死因不明的禽、畜、兽、水产动物肉类，或者生产经营病死、毒死或者死因不明的禽、畜、兽、水产动物肉类的制品；

（六）经营未经动物卫生监督机构检疫或者检疫不合格的肉类，或者生产经营未经检验或者检验不合格的肉类制品；

（七）经营超过保质期的食品；

（八）生产经营国家为防病等特殊需要明令禁止生产经营的食品；

（九）利用新的食品原料从事食品生产或者从事食品添加剂新品种、食品相关产品新品种生产，未经过安全性评估；

（十）食品生产经营者在有关主管部门责令其召回或者停止经营不符合食品安全标准的食品后，仍拒不召回或者停止经营的。

第八十六条　违反本法规定，有下列情形之一的，由有关主管部门按照各自职责分工，没收违法所得、违法生产经营的食品和用于违法生产经营的工具、设备、原料等物品；违法生产经营的食品货值金额不足一万元的，并处二千元以上五万元以下罚款；货值金额一万元以上的，并处货值金额二倍以上五倍以下罚款；情节严重的，责令停产停业，直至吊销许可证：

（一）经营被包装材料、容器、运输工具等污染的食品；

（二）生产经营无标签的预包装食品、食品添加剂或者标签、说明书不符合本法规定的食品、食品添加剂；

（三）食品生产者采购、使用不符合食品安全标准的食品原料、食品添加剂、食品相关产品；

（四）食品生产经营者在食品中添加药品。

第八十七条　违反本法规定，有下列情形之一的，由有关主管部门按照各自职责分工，责令改正，给予警告；拒不改正的，处二千元以上二万元以下罚款；情节严重的，责令停产停业，直至吊销许可证：

（一）未对采购的食品原料和生产的食品、食品添加剂、食品相关产品进行检验；

（二）未建立并遵守查验记录制度、出厂检验记录制度；

（三）制定食品安全企业标准未依照本法规定备案；

（四）未按规定要求储存、销售食品或者清理库存食品；

（五）进货时未查验许可证和相关证明文件；

（六）生产的食品、食品添加剂的标签、说明书涉及疾病预防、治疗功能；

（七）安排患有本法第三十四条所列疾病的人员从事接触直接入口食品的工作。

第八十八条 违反本法规定，事故单位在发生食品安全事故后未进行处置、报告的，由有关主管部门按照各自职责分工，责令改正，给予警告；毁灭有关证据的，责令停产停业，并处二千元以上十万元以下罚款；造成严重后果的，由原发证部门吊销许可证。

第八十九条 违反本法规定，有下列情形之一的，依照本法第八十五条的规定给予处罚：

（一）进口不符合我国食品安全国家标准的食品；

（二）进口尚无食品安全国家标准的食品，或者首次进口食品添加剂新品种、食品相关产品新品种，未经过安全性评估；

（三）出口商未遵守本法的规定出口食品。

违反本法规定，进口商未建立并遵守食品进口和销售记录制度的，依照本法第八十七条的规定给予处罚。

第九十条 违反本法规定，集中交易市场的开办者、柜台出租者、展销会的举办者允许未取得许可的食品经营者进入市场销售食品，或者未履行检查、报告等义务的，由有关主管部门按照各自职责分工，处二千元以上五万元以下罚款；造成严重后果的，责令停业，由原发证部门吊销许可证。

第九十一条 违反本法规定，未按照要求进行食品运输的，由有关主管部门按照各自职责分工，责令改正，给予警告；拒不改正的，责令停产停业，并处二千元以上五万元以下罚款；情节严重的，由原发证部门吊销许可证。

第九十二条 被吊销食品生产、流通或者餐饮服务许可证的单位，其直接负责的主管人员自处罚决定作出之日起五年内不得从事食品生产经营管理工作。

食品生产经营者聘用不得从事食品生产经营管理工作的人员从事管理工作的，由原发证部门吊销许可证。

第九十三条 违反本法规定，食品检验机构、食品检验人员出具虚假检验报告的，由授予其资质的主管部门或者机构撤销该检验机构的检验资格；依法对检验机构直接负责的主管人员和食品检验人员给予撤职或者开除的处分。

违反本法规定，受到刑事处罚或者开除处分的食品检验机构人员，自刑罚执行完毕或者处分决定作出之日起十年内不得从事食品检验工作。食品检验机构聘用不得从事食品检验工作的人员的，由授予其资质的主管部门或者机构撤销该检验机构的检验资格。

第九十四条 违反本法规定，在广告中对食品质量作虚假宣传，欺骗消费者的，依照《中华人民共和国广告法》的规定给予处罚。

违反本法规定，食品安全监督管理部门或者承担食品检验职责的机构、食品行业协会、消费者协会以广告或者其他形式向消费者推荐食品的，由有关主管部门没收违法所得，依法对直接负责的主管人员和其他直接责任人员给予记大过、降级或者撤职的处分。

第九十五条　违反本法规定，县级以上地方人民政府在食品安全监督管理中未履行职责，本行政区域出现重大食品安全事故、造成严重社会影响的，依法对直接负责的主管人员和其他直接责任人员给予记大过、降级、撤职或者开除的处分。

违反本法规定，县级以上卫生行政、农业行政、质量监督、工商行政管理、食品药品监督管理部门或者其他有关行政部门不履行本法规定的职责或者滥用职权、玩忽职守、徇私舞弊的，依法对直接负责的主管人员和其他直接责任人员给予记大过或者降级的处分；造成严重后果的，给予撤职或者开除的处分；其主要负责人应当引咎辞职。

第九十六条　违反本法规定，造成人身、财产或者其他损害的，依法承担赔偿责任。

生产不符合食品安全标准的食品或者销售明知是不符合食品安全标准的食品，消费者除要求赔偿损失外，还可以向生产者或者销售者要求支付价款十倍的赔偿金。

第九十七条　违反本法规定，应当承担民事赔偿责任和缴纳罚款、罚金，其财产不足以同时支付时，先承担民事赔偿责任。

第九十八条　违反本法规定，构成犯罪的，依法追究刑事责任。

第十章　附　　则

第九十九条　本法下列用语的含义：

食品，指各种供人食用或者饮用的成品和原料以及按照传统既是食品又是药品的物品，但是不包括以治疗为目的的物品。

食品安全，指食品无毒、无害，符合应当有的营养要求，对人体健康不造成任何急性、亚急性或者慢性危害。

预包装食品，指预先定量包装或者制作在包装材料和容器中的食品。

食品添加剂，指为改善食品品质和色、香、味以及为防腐、保鲜和加工工艺的需要而加入食品中的人工合成或者天然物质。

用于食品的包装材料和容器，指包装、盛放食品或者食品添加剂用的纸、竹、木、金属、搪瓷、陶瓷、塑料、橡胶、天然纤维、化学纤维、玻璃等制品和直接接触食品或者食品添加剂的涂料。

用于食品生产经营的工具、设备，指在食品或者食品添加剂生产、流通、使用过程中直接接触食品或者食品添加剂的机械、管道、传送带、容器、用具、餐具等。

用于食品的洗涤剂、消毒剂，指直接用于洗涤或者消毒食品、餐饮具以及直接接触食品的工具、设备或者食品包装材料和容器的物质。

保质期，指预包装食品在标签指明的储存条件下保持品质的期限。

食源性疾病，指食品中致病因素进入人体引起的感染性、中毒性等疾病。

食物中毒，指食用了被有毒有害物质污染的食品或者食用了含有毒有害物质的食品后出现的急性、亚急性疾病。

食品安全事故，指食物中毒、食源性疾病、食品污染等源于食品，对人体健康有危害或者可能有危害的事故。

第一百条　食品生产经营者在本法施行前已经取得相应许可证的，该许可证继续有效。

第一百零一条　乳品、转基因食品、生猪屠宰、酒类和食盐的食品安全管理，适用本法；法律、行政法规另有规定的，依照其规定。

第一百零二条　铁路运营中食品安全的管理办法由国务院卫生行政部门会同国务院有关部门依照本法制定。

军队专用食品和自供食品的食品安全管理办法由中央军事委员会依照本法制定。

第一百零三条　国务院根据实际需要，可以对食品安全监督管理体制作出调整。

第一百零四条　本法自 2009 年 6 月 1 日起施行。《中华人民共和国食品卫生法》同时废止。

附录二

食品生产许可管理办法

（质检总局令第129号，自2010年6月1日起施行）

第一章 总 则

第一条 为了保障食品安全，加强食品生产监管，规范食品生产许可活动，根据《中华人民共和国食品安全法》和其实施条例以及产品质量、生产许可等法律法规的规定，制定本办法。

第二条 在中华人民共和国境内，企业从事食品生产活动以及质量技术监督部门实施食品生产许可，必须遵守本办法。

第三条 企业未取得食品生产许可，不得从事食品生产活动。

第四条 国家质量监督检验检疫总局（以下简称国家质检总局）在职责范围内负责全国食品生产许可管理工作。

县级以上地方质量技术监督部门在职责范围内负责本行政区域内的食品生产许可管理工作。

第五条 食品生产许可必须严格按照法律、法规和规章规定的程序和要求实施，遵循公开、公平、公正、便民原则。

第二章 程 序

第六条 设立食品生产企业，应当在工商部门预先核准名称后依照食品安全法律法规和本办法有关要求取得食品生产许可。

第七条 县级以上地方质量技术监督部门是食品生产许可的实施机关，但按照有关规定由国家质检总局实施的食品生产许可除外。

省级质量技术监督部门按照有关法律法规和国家质检总局有关规定要求，确定本行政区域内质量技术监督部门分别实施许可的品种范围。

第八条 取得食品生产许可，应当符合食品安全标准，并符合下列要求：

（一）具有与申请生产许可的食品品种、数量相适应的食品原料处理和食品加工、包装、储存等场所，保持该场所环境整洁，并与有毒、有害场所以及其他污染源保持规定的距离；

（二）具有与申请生产许可的食品品种、数量相适应的生产设备或者设施，有相应的消毒、更衣、盥洗、采光、照明、通风、防腐、防尘、防蝇、防鼠、防虫、洗涤以及处理废水、存放垃圾和废弃物的设备或者设施；

（三）具有与申请生产许可的食品品种、数量相适应的合理的设备布局、工艺流程，防止待加工食品与直接入口食品、原料与成品交叉污染，避免食品接触有毒物、不洁物；

（四）具有与申请生产许可的食品品种、数量相适应的食品安全专业技术人员和管理人员；

（五）具有与申请生产许可的食品品种、数量相适应的保证食品安全的培训、从业人员健康检查和健康档案等健康管理、进货查验记录、出厂检验记录、原料验收、生产过程等食品安全管理制度。

法律法规和国家产业政策对生产食品有其他要求的，应当符合该要求。

第九条　拟设立食品生产企业申请食品生产许可的，应当向生产所在地质量技术监督部门（以下简称许可机关）提出，并提交下列材料：

（一）食品生产许可申请书；

（二）申请人的身份证（明）或资格证明复印件；

（三）拟设立食品生产企业的《名称预先核准通知书》；

（四）食品生产加工场所及其周围环境平面图和生产加工各功能区间布局平面图；

（五）食品生产设备、设施清单；

（六）食品生产工艺流程图和设备布局图；

（七）食品安全专业技术人员、管理人员名单；

（八）食品安全管理规章制度文本；

（九）产品执行的食品安全标准；执行企业标准的，须提供经卫生行政部门备案的企业标准；

（十）相关法律法规规定应当提交的其他证明材料。

申请食品生产许可所提交的材料，应当真实、合法、有效。申请人应在食品生产许可申请书等材料上签字确认。

第十条　许可机关对收到的申请，应当依照《中华人民共和国行政许可法》第三十二条等有关规定进行处理。

对申请决定予以受理的，应当出具《受理决定书》。决定不予受理的，应当出具《不予受理决定书》，并说明不予受理的理由，告知申请人享有依法申请行政复议或者提起行政诉讼的权利。

第十一条　许可机关受理申请后，应当依照有关规定组织对申请的资料和生产场所进行核查（以下简称现场核查）。

现场核查应当由许可机关指派二名至四名核查人员组成核查组并按照国家质检总局有关规定进行，企业应予以配合。

第十二条　许可机关应当根据核查结果，在法律法规规定的期限内作出如下处理：

（一）经现场核查，生产条件符合要求的，依法作出准予生产的决定，向申请人发出《准予食品生产许可决定书》，并于作出决定之日起十日内颁发设立食品生产企业食品生产许可证书。

（二）经现场核查，生产条件不符合要求的，依法作出不予生产许可的决定，向申请人发出《不予食品生产许可决定书》，并说明理由。

除不可抗力外，由于申请人的原因导致现场核查无法在规定期限内实施的，按现场核查不合格处理。

第十三条　拟设立的食品生产企业必须在取得食品生产许可证书并依法办理营业执照工商登记手续后，方可根据生产许可检验的需要组织试产食品。

第十四条　新设立的食品生产企业应当按规定实施许可的食品品种申请生产许可检验。

许可机关接到生产许可检验申请后，应当及时按照有关规定抽取和封存样品，并告知申请企业在封样后七日内将样品送交具有相应资质的检验机构。

第十五条　检验机构收到样品后，应当按照规定要求和标准进行检验，并准确、及时地出具检验报告。

第十六条　检验结论合格的，许可机关根据检验报告确定食品生产许可的品种范围，并在食品生产许可证副页中予以载明。

在未经许可机关确定食品生产许可的品种范围之前，禁止出厂销售试产食品。

第十七条　检验结论为不合格的，可以按照有关规定申请复检。

复检结论为部分食品品种不合格的，不予确定该类食品的生产许可范围，在食品生产许可证副页中不予载明；禁止出厂销售该类食品。

复检结论为全部食品品种不合格的，应当按照有关规定注销食品生产许可；禁止出厂销售全部品种的食品。

第十八条 已经设立的企业申请取得食品生产许可的，应当持合法有效的营业执照，按照本章规定的有关条件和要求办理许可申请手续。

许可机关按照本章规定的有关条件和要求，受理已经设立的企业从事食品生产的许可申请，并根据现场核查结果和检验报告决定是否准予许可以及确定食品生产许可的品种范围，颁发食品生产许可证书。

第十九条 食品生产许可证有效期为三年。

有效期届满，取得食品生产许可证的企业需要继续生产的，应当在食品生产许可证有效期届满六个月前，向原许可机关提出换证申请；准予换证的，食品生产许可证编号不变。

期满未换证的，视为无证；拟继续生产食品的，应当重新申请，重新发证，重新编号，有效期自许可之日起重新计算。

第二十条 食品生产许可证有效期内，有以下情形之一的，企业应当向原许可机关提出变更申请：

（一）企业名称发生变化的；

（二）住所、生产地址名称发生变化的；

（三）生产场所迁址的；

（四）生产场所周围环境发生变化的；

（五）设备布局和工艺流程发生变化的；

（六）生产设备、设施发生变化的；

（七）法律法规规定的应当申请变更的其他情形。

有前款第（三）项至第（六）项情形之一的，原许可机关应当按照本办法的规定组织进行核查和检验；符合条件的，依法办理变更手续。

第二十一条 企业提出变更食品生产许可申请，应当提交下列申请材料：

（一）变更食品生产许可申请书；

（二）食品生产许可证书正、副本；

（三）与变更食品生产许可事项有关的证明材料。

申请变更食品生产许可所提交的材料，应当真实、合法、有效，符合相关法律法规的规定。申请人应当在变更食品生产许可申请书等材料上签字确认，并对其内容的合法性、真实性负责。

第二十二条 食品生产许可有效期内，有关法律法规、食品安全标准或技术要求发生变化的，原许可机关可以根据国家有关规定重新组织核查和检验。

第二十三条 有下列情形之一的，原许可机关应当依法办理食品生产许可证书注销手续：

（一）生产许可被依法撤回、撤销，或者生产许可证书被依法吊销的；

（二）企业申请注销的或者生产许可证有效期满未换证的；

（三）企业依法终止的；

（四）因不可抗力导致生产许可事项无法实施的；

（五）法律法规规定的应当注销生产许可证书的其他情形。

第二十四条 企业申请注销食品生产许可证书的，应当向原许可机关提交下列申请材料：

（一）注销食品生产许可申请书；

（二）食品生产许可证书正、副本；

（三）与注销食品生产许可事项相关的证明材料。

第三章 证书与标志

第二十五条 食品生产许可证书分为正本和副本，证书及其副页式样由国家质检总局统一规定。

第二十六条 企业应当妥善保管食品生产许可证书，并在生产场所显著位置予以悬挂或者摆放。

食品生产许可证书遗失或者损毁的，企业应当及时在省级以上媒体声明，并及时申请补证。

第二十七条 企业应当在其食品或者其包装上标注食品生产许可证编号和标志；没有食品生产许可证编号和标志的，不得出厂销售。

第二十八条 食品生产许可证编号和标志均属企业获得食品生产许可的标志。食品生产许可证编号规则和标志式样由国家质检总局统一规定。

第二十九条 企业不得出租、出借或者以其他形式转让食品生产许可证书和编号。禁止伪造、变造食品生产许可证书、食品生产许可证编号和食品生产许可证标志。

第四章 监督检查

第三十条 企业应当在食品生产许可的品种范围内从事食品生产活动，不得超出许可的品种范围生产食品。

第三十一条 企业应当保证生产条件持续符合规定要求，并对其生产的食品安全负责。

第三十二条 各级质量技术监督部门在各自职责范围内依法对企业食品生产活动进行定期或不定期的监督检查。

第三十三条 各级质量技术监督部门应当建立食品生产许可和监督检查档案管理制度。档案保存期限按国家有关规定执行。

第三十四条 各级质量技术监督部门应当建立食品生产许可和监督检查信息平台，便于公民、法人和其他社会组织查询。

第五章 法律责任

第三十五条 违反本办法第三条、第十六条第二款、第十七条第二款、第十七条第三款、第三十条等规定，或者已取得食品生产许可但被依法注销的，按照《中华人民共和国食品安全法》第八十四条规定处罚。

第三十六条 违反本办法第二十条、第二十七条、第二十九条等规定，构成有关法律法规规定的违法行为的，按照有关法律法规的规定实施行政处罚。

第三十七条 各级质量技术监督部门及有关工作人员、核查人员、检验机构及检验人员在食品生产许可管理工作中，滥用职权、玩忽职守、徇私舞弊的，依法追究相关法律责任。

第三十八条 本办法规定的行政处罚由县级以上地方质量技术监督部门在职权范围内决定并实施。决定吊销食品生产许可证的，应当在作出行政处罚决定之前逐级上报许可机关核准。

第三十九条 当事人对依据本办法所实施的行政许可和行政处罚不服的，可以依法提出行政复议或者行政诉讼。

第六章 附 则

第四十条 本办法所称食品是指《中华人民共和国食品安全法》第九十九条等规定的食品，但不包括食用农产品、声称具有保健功能的食品。

法律、行政法规对乳品、转基因食品、生猪屠宰、酒类和食盐的食品生产许可另有规定的，依照其规定。

第四十一条 本办法规定的实施生产许可的食品品种的划分，按照法律法规和国家质检总局有关规定执行。

第四十二条 取得餐饮服务许可的餐饮服务提供者在其餐饮服务场所制作加工食品，不需要取得本办法规定的食品生产许可。

第四十三条　小作坊等其他食品生产者从事食品生产活动，按照有关法律法规的规定执行。

第四十四条　本办法所规定的核查人员、检验机构资质及其管理，按照有关规定执行。

第四十五条　本办法由国家质检总局负责解释。

第四十六条　本办法自 2010 年 6 月 1 日起施行。国家质检总局在本办法施行前公布的有关食品生产许可的规章、规范性文件与本办法不一致的，以本办法为准。

附录三

宁夏回族自治区食品生产加工小作坊和食品摊贩管理办法

（2010年1月16日宁夏回族自治区第十届人民代表大会常务委员会第十五次会议通过）

第一章 总 则

第一条 为了规范食品生产加工小作坊和食品摊贩的生产经营行为，加强食品安全管理，保障公众身体健康和生命安全，根据《中华人民共和国食品安全法》（以下简称食品安全法）的有关规定，结合自治区实际，制定本办法。

第二条 自治区行政区域内从事生产经营活动的食品生产加工小作坊（以下简称食品小作坊）和食品摊贩，以及对食品小作坊和食品摊贩实施的监督管理活动，适用本办法。

第三条 本办法所称食品小作坊，是指固定从业人员较少、有固定生产经营场所、生产条件简单、从事食品生产加工的单位或者个人。

本办法所称食品摊贩，是指在街头或者其他公共场所从事食品销售或者食品现场制售的个人。

第四条 食品小作坊和食品摊贩应当依照食品安全法律、法规以及食品安全标准从事生产经营活动，对食品质量、安全承担责任。

第五条 县级以上人民政府在支持食品小作坊和食品摊贩发展的同时，对食品小作坊和食品摊贩的食品安全工作负总责，统一领导、组织、协调食品小作坊和食品摊贩的监督管理工作。

第六条 卫生行政、质量监督、工商行政管理和食品药品监督管理等部门，应当按照下列规定依法履行对食品小作坊和食品摊贩的监督管理职责：

（一）卫生行政部门负责食品小作坊和食品摊贩食品安全综合协调工作，承担食品安全风险评估、食品安全地方标准的制定、食品安全信息公布以及重大食品安全事故的查处；

（二）质量监督部门负责食品小作坊准许生产证的核发以及商场、超市和集贸市场以外的食品小作坊的日常监督管理工作；

（三）工商行政管理部门负责食品小作坊工商营业执照的核发以及商场、超市、集贸市场内的食品小作坊和餐饮类以外的食品摊贩的日常监督管理工作；

（四）食品药品监督管理部门负责餐饮类食品摊贩的日常监督管理工作；

其他有关部门应当在各自的职责范围内配合做好食品小作坊和食品摊贩的监督管理工作。

乡镇人民政府、街道办事处应当协助有关部门做好食品小作坊和食品摊贩的日常监督管理和宣传指导工作。

第七条 鼓励学校、社会团体、基层群众性自治组织开展食品安全法律、法规以及食品安全知识的宣传普及活动，倡导健康的饮食方式，增强公众的食品安全意识和自我保护能力。

第二章 生产经营

第八条 县级以上人民政府应当对符合食品安全法律、法规规定的食品小作坊和食品摊贩的发展列入本级政府的经济社会发展计划或者民生计划，从财政、税收、信贷等方面给予支持，保障食品小作坊和食品摊贩依法从事生产经营活动。

食品安全监督管理等有关部门应当简化审批、办证等程序，提高办事效率，为食品小作坊和食品摊贩提供便利服务。

县级以上人民政府应当统筹规划，建设、改造适宜食品小作坊和食品摊贩生产经营的集中场所、街区，建设基础设施及配套设施，鼓励食品小作坊和食品摊贩改进生产经营条件。

第九条 食品小作坊从事生产经营活动，应当具备下列条件：

（一）具有与生产经营的食品品种、数量相适应的生产加工场所和生产经营设备、设施；生产加工场所应当与有毒、有害场所以及其他污染源保持安全距离；

（二）具有相应的消毒、通风、照明、防腐、防尘、防蝇、防鼠、防虫、洗涤以及处理废水、存放垃圾和废弃物的设备或者设施；

（三）具有合理的设备布局和工艺流程，防止待加工食品与直接入口食品、原料与成品交叉污染，避免食品接触有毒物、不洁物；

（四）从业人员应当持有健康证明。

第十条 对食品小作坊生产经营活动实行许可制度。

食品小作坊业主应当持符合第九条规定要求的相关材料，向所在地的县（市、区）质量监督部门提出书面申请。经审核符合规定条件的，颁发食品小作坊准许生产证；对不符合规定条件的，以书面形式告知并说明理由。

食品小作坊业主持食品小作坊准许生产证依法申领工商营业执照。

食品小作坊未取得准许生产证、工商营业执照的，不得从事生产经营活动。

第十一条 食品摊贩从事经营活动应当具备下列条件：

（一）摊点应当具有符合食品卫生条件的食品制作和售货的亭、棚、车、台，具有防雨、防晒、防尘、防蝇、洗涤以及处理废水、存放垃圾和废弃物的设施；

（二）接触食品的器具、工作台面以及货架、橱柜符合食品卫生条件；

（三）从业人员应当持有健康证明。

第十二条 从事清真食品生产经营的食品小作坊和食品摊贩，应当依法取得清真食品准许经营证和清真标牌。

第十三条 食品小作坊和食品摊贩在食品生产经营中应当执行下列规定：

（一）餐具、饮具和盛放直接入口食品的容器应当无毒、无害，洗净、消毒，保持清洁；

（二）食品应当使用无毒、无害、清洁的包装材料；不得使用书刊纸张、报纸和其他不符合食品安全要求的材料包装直接入口食品；

（三）储存、运输和装卸食品的容器、工具和设备应当安全、无害，保持清洁，不得将食品与有毒、有害物品一同运输；

（四）从业人员从事生产经营食品活动，应当穿戴清洁的工作衣、帽，佩戴口罩，保持个人卫生；销售无包装的直接入口食品，应当使用无毒、清洁的售货工具；

（五）用水应当符合国家规定的生活饮用水卫生标准；

（六）使用的洗涤剂、消毒剂应当对人体安全、无害；杀虫剂、灭鼠剂等应当妥善保管，防止对食品污染。

食品小作坊应当在明显位置张挂准许生产证、健康证、工商营业执照等证件，从业人员应当与证件记载人员相符。

食品摊贩应当遵守城市市容管理的相关规定，在明显位置张挂健康证。

第十四条 禁止食品小作坊和食品摊贩生产经营下列食品：

（一）用非食品原料生产的食品或者添加食品添加剂以外的化学物质和其他可能危害人体健康物质的食品，或者用回收食品作为原料生产的食品；

（二）致病性微生物、农药残留、兽药残留、重金属、污染物质以及其他危害人体健康的物质含量超过食品安全标准限量的食品；

（三）腐败变质、油脂酸败、霉变生虫、污秽不洁、混有异物、掺假掺杂或者感官性状异常的食品；

（四）病死、毒死或者死因不明的禽、畜、兽、水产动物肉类及其制品；

（五）使用危害人体健康的化学品、洗涤剂清洗处理动物的头、蹄、内脏，用于食品生产加工；

（六）使用未经动物卫生监督机构检疫或者检疫不合格的肉类生产加工的食品；

（七）被包装材料、容器、运输工具等污染的食品；

（八）超过保质期的食品；

（九）国家为防病等特殊需要明令禁止生产经营的食品；

（十）其他不符合食品安全标准或者要求的食品。

第十五条 食品小作坊和食品摊贩采购食品、食品原料、食品添加剂、食品相关产品，应当查验供货者的许可证和产品合格证明文件，不得采购、使用不符合食品安全标准的食品、食品原料、食品添加剂、食品相关产品。

食品小作坊和食品摊贩应当如实记录购进食品、食品原料、食品添加剂、食品相关产品的名称、规格、数量、生产批号、生产日期、保质期、供货者名称及联系方式、进货日期等内容。

食品、食品原料、食品添加剂、食品相关产品进货查验记录应当真实，保存期限不得少于一年。

第十六条 食品小作坊应当如实记录批发食品的名称、规格、数量、购货者名称及联系方式、销售日期等内容，或者保留载有相关信息的销售票据。记录、票据的保存期限不得少于一年。

第十七条 食品小作坊和食品摊贩应当依照食品安全标准关于食品添加剂的品种、使用范围、用量的规定使用食品添加剂。

第十八条 商场、超市、集贸市场、集中经营区的开办者或者食品柜台的出租者应当协助食品安全监督管理部门履行下列监督管理义务：

（一）查验食品小作坊和食品摊贩的准许生产证、健康证、工商营业执照，明确食品小作坊和食品摊贩的食品安全责任；

（二）检查食品小作坊和食品摊贩的生产经营环境和条件，发现有违反本办法规定行为的，应当及时制止并立即报告工商行政管理部门；

（三）指导并督促食品小作坊和食品摊贩建立生产经营记录、执行进货查验制度等与保障食品安全有关的制度；

（四）督促食品小作坊和食品摊贩采取下架、销毁等措施处理不符合食品安全标准的食品。

商场、超市、集贸市场、集中经营区的开办者或者食品柜台的出租者应当配备专职食品安全管理人员，监控本市场的食品安全状况。

商场、超市、集贸市场、集中经营区的开办者或者食品柜台的出租者未履行本条规定义务，导致发生食品安全事故的，应当承担连带责任。

第十九条 食品安全监督管理部门发现食品小作坊生产的食品不符合食品安全标准，应当要求立即停止生产和销售，责令其召回已经售出的食品，通知相关经营者和消费者，并记录相关情况。

食品小作坊应当对召回的食品采取无害化处理、销毁等措施，并将食品召回和处理情况向所在地县（市、区）质量监督部门报告。

第二十条 食品小作坊和食品摊贩发生食品安全事故的，应当立即予以处置，及时救治食物中毒人员，封存可能导致食物中毒的食品及其原料，防止事故扩大。

食品小作坊、食品摊贩以及收治食品中毒人员的医疗单位应当及时向事故发生地的县（市、区）卫生行政部门报告。

质量监督、工商行政管理、食品药品监督部门发现食品安全事故，应当立即向上一级行政主管部门和同级卫生行政部门通报。

任何单位或者个人不得隐瞒、谎报、缓报食品安全事故，不得毁灭有关证据。

第二十一条 县（市、区）卫生行政部门接到食品安全事故报告后，应当立即会同同级质量监督、工商行政管理、食品药品监督管理部门进行调查处理，并采取措施防止、减轻社会危害。

发生重大食品安全事故的，县级以上人民政府及其卫生行政部门应当履行规定的报告义务。

第三章 监督管理

第二十二条 县级以上人民政府制定的食品安全年度监督管理计划，应当包括对食品小作坊和食品摊贩监督管理的内容。卫生行政、质量监督、工商行政管理和食品药品监督管理部门，应当按照本级政府食品安全年度监督管理计划，制定本部门食品小作坊和食品摊贩监督管理工作计划。

第二十三条　卫生行政、质量监督、工商行政管理、食品药品监督管理部门在履行食品安全监督管理职责时，有权采取下列措施：

（一）进入生产经营场所实施现场检查；

（二）对生产经营的食品进行抽样检验；

（三）查阅、复制有关合同、票据、账簿以及其他有关资料，向有关人员了解相关情况；

（四）查封、扣押有证据证明不符合食品安全标准的食品，违法使用的食品原料、食品添加剂、食品相关产品，以及用于违法生产经营或者被污染的工具、设备；

（五）查封违法从事食品生产经营活动的场所。

食品安全监督管理部门应当依法实施监督检查工作，不得妨碍食品小作坊和食品摊贩正常的生产经营活动，不得索取或者收受财物，不得谋取其他利益。

第二十四条　对食品小作坊和食品摊贩生产经营的食品进行检验，应当委托符合食品安全法规定的食品检验机构进行。当事人对检验结果有异议的，可以依法申请复检。

进行抽样检验，应当购买抽取的样品，不得收取检验费和其他任何费用，所需费用由自治区财政部门统一列支。

第二十五条　对食品小作坊食品添加剂使用情况实行备案制度。

食品小作坊使用的食品添加剂应当向所在地的县（市、区）质量监督部门备案，使用的食品添加剂发生变化时，应当及时变更备案。

食品小作坊不得超出备案范围使用食品添加剂。

第二十六条　食品安全监督管理部门应当每年制定食品安全教育培训计划，对食品小作坊和食品摊贩从业人员进行食品安全知识以及食品安全法律、法规知识的培训。

第二十七条　质量监督、工商行政管理、食品药品监督管理部门应当建立食品小作坊和食品摊贩食品安全信用档案，记录许可颁发、日常监督检查结果、违法行为查处等情况；根据食品安全信用档案的记录，加强对有不良信用记录的食品小作坊和食品摊贩的监督检查和整改指导。

第二十八条　自治区卫生行政部门应当加强食品安全风险监测工作。对食品小作坊和食品摊贩生产经营的食品可能存在安全隐患的，应当组织检验和食品安全风险评估，并及时将食品安全风险评估结果通报质量监督、工商行政管理和食品药品监督管理部门。对经综合分析表明可能具有较高程度安全风险的食品，应当及时提出食品安全风险警示，并予以公布。

第二十九条 自治区卫生行政部门对食品小作坊和食品摊贩生产经营的食品没有食品安全国家标准的，应当组织制定食品安全地方标准，并报国务院卫生行政部门备案。

食品安全标准应当供公众免费查阅，卫生行政部门应当为公众免费查阅提供便利条件。

第三十条 食品安全监督管理和市容环境卫生行政管理部门应当加强对幼儿园、中小学校周边食品小作坊和食品摊贩的监督管理，制止有影响儿童、中小学生安全、身体健康的食品生产经营行为。

乡镇人民政府、街道办事处发现食品小作坊和食品摊贩存在食品安全违法行为的，有权制止，并及时告知相关的食品安全监督管理部门；食品安全监督管理部门依法查处的，乡镇人民政府、街道办事处应当予以协助。

第三十一条 卫生行政、质量监督、工商行政管理和食品药品监督管理部门应当公布本部门的电子邮箱地址、单位地址或者举报电话，接受公民、组织和法人的咨询、投诉、举报。对属于本部门职责范围的，应当受理，并及时进行核实、处理、答复；不属于本部门职责范围的，应当书面通知并移交有权处理的部门处理。有权处理的部门应当及时处理，不得推诿。

对咨询、投诉、举报和核实、处理、答复的情况应当予以记录并保存。

第三十二条 食品安全监督管理部门及其工作人员应当为举报人保密；对举报属实、为查处食品安全违法案件提供线索和证据的举报人给予奖励。

食品安全监督管理部门应当支持新闻媒体开展食品安全报道，发挥舆论监督作用。

第四章 法律责任

第三十三条 违反本办法第九条第一项至第三项、第十条规定条件从事食品生产经营活动的，由有关主管部门按照各自职责分工，没收违法所得和违法生产经营的食品。

第三十四条 违反本办法第九条第四项、第十一条第三项、第十四条第一项至第九项、第十五条第一款、第十七条和第十九条规定的，由有关主管部门按照各自职责分工，责令改正，给予警告；拒不改正的，没收违法所得和违法生产经营的食品。违法生产经营的食品货值金额不足一千元的，处一千元以上三千元以下罚款；货值金额在一千元以上的，处货值金额三倍以上五倍以下罚款；情节严重的，责令停产停业，直至吊销许可证。

第三十五条　违反本办法第十五条第二款、第三款、第十六条和第二十五条规定的，由有关主管部门按照各自职责分工，责令改正，给予警告；拒不改正的，处二百元以上一千元以下罚款；情节严重的，责令停产停业，直至吊销许可证。

第三十六条　违反本办法第十八条规定的，由有关主管部门按照各自职责分工，处二千元以上二万元以下罚款；造成严重后果的，责令停业。

第三十七条　违反本办法规定，生产经营不符合食品安全标准的食品，发生食品安全事故的，由有关主管部门按照职责分工，吊销许可证，并处五千元以上二万元以下的罚款。

食品小作坊和食品摊贩未依照本办法第二十条要求进行处置、报告的，或者毁灭有关证据，不配合事故调查处理的，除按照前款规定进行处罚外，还应当按照《中华人民共和国治安管理处罚法》的相关规定予以处罚。

第三十八条　被吊销许可证的食品小作坊业主和食品安全信用档案中累计有三次不良信用记录的食品摊贩，二年内不得从事食品生产经营管理活动。

食品小作坊聘用前款规定人员从事食品生产经营管理活动的，由原发证部门吊销许可证。

第三十九条　卫生行政、质量监督、工商行政管理和食品药品监督管理部门不履行食品小作坊和食品摊贩监督管理职责或者滥用职权、玩忽职守、徇私舞弊的，对直接负责的主管人员和其他直接责任人员依法给予处分；构成犯罪的，依法追究刑事责任。

第五章　附　　则

第四十条　本办法自2010年3月1日起施行。

参考文献

陈锡文，邓楠. 中国食品安全战略研究，北京：化学工业出版社，2004.

韩俊. 中国食品安全报告. 北京：社会科学文献出版社，2007.

唐民皓. 食品药品安全与监管政策研究报告（2009）. 北京：社会科学文献出版社，2009.

李援，宋森，汪建荣，刘沛. 中华人民共和国食品安全法解释与应用. 北京：人民出版社，2009.

周应恒等. 现代食品安全与管理. 北京：经济管理出版社，2008.

邱礼平. 食品安全概论. 北京：化学工业出版社，2008.

国家食品药品监督管理局，广东食品药品监督管理局. 企业食品安全管理. 北京：中国医药科技出版社，2008.

朱坚，张晓岚，张东平. 食品安全与控制导论. 北京：化学工业出版社，2009.

钟耀广. 食品安全学. 北京：化学工业出版社，2005.

莫慧平. 食品卫生与安全管理. 北京：中国轻工业出版社，2007.

张志健. 食品安全导论. 北京：化学工业出版社，2009.

周小理. 食品安全与品质控制原理及应用. 上海：上海交通大学出版社，2007.

赵文. 食品安全性评价. 北京：化学工业出版社，2006.

周映艳. 食品质量与安全案例分析. 北京：中国轻工业出版社，2007.

徐景和. 食品安全综合监督探索研究. 北京：中国医药科技出版社，2009.

国家食品药品监督管理局办公室. 食品药品突发公共事件应急管理. 北京：中国医药科技出版社，2010.

王学政. 食品安全法实施条例释义及热点案例分析. 北京：中国商业出版社，2009.

"贵州农业实用技术"全书编辑委员会. 农畜产品加工与机电. 贵阳：贵州科技出版社，1996.